HARALD RICKLEFS

CHRISTLICHE SEEFAHRT

CHRISTLICHE SEEFAHRT

Heitere Stories über Seeleute und
Passagiere, Land- und Hafenratten

Texte, Ölgemälde und Zeichnungen
von
HARALD RICKLEFS

VERLAG H. M. HAUSCHILD GMBH · BREMEN

Abbildung auf dem Umschlag:
Die AXENFELS in Aden

Umschlagentwurf: Gernot Braatz · Bremen
Gesamtherstellung: H. M. Hauschild GmbH · Bremen

ISBN 3-926 598-60-3

Inhaltsverzeichnis

Verzeichnis der Ölgemälde

Christliche Seefahrt

Schon da beginnt die Schwierigkeit. Sie ist nämlich in keinster Weise christlich. Eher im Gegenteil. Nun auch nicht mohammedanisch oder gar eine Sekte. Immerhin gibt es aber einen Gott, der die Geschicke der Seeleute lenkt und die Schicksale der Schiffe. Das ist ziemlich sicher.

Trotzdem ist der durchaus gebräuchliche Ausdruck CHRISTLICHE SEEFAHRT nirgends fest umrissen worden. Vermutlich auch, weil es bisher genügend anderes zu klären gab. Z.B. die ständig wiederkehrende Frage: „Wieviel Tonnen hat Ihr Schiff eigentlich?“, die offenbar auf der Kenntnis alter Wehrmachtsberichte aus beiden Weltkriegen basiert, wo immer so schrecklich viele Bruttoregistertonnen versenkt wurden. Wenn der Seemann schlau ist, nennt er irgendeine Zahl, die ihm unbedingt geglaubt wird, ja geglaubt werden muß. Der Laie hat ja nicht gefragt, ob Netto-, Bruttoregister- oder Ladetonnen, ob tons deadweight oder deadweight all told.

Oder nach dem „Toten Gewicht“, jener deutschen Bezeichnung für das Leergewicht eines Schiffes ohne Ladung. Ob das Schiff als Voll-, Schutz- oder Quarterdecker fährt — Fakten, die ganz erheblichen Einfluß auf die Tonnenzahl haben. Rechnerisch exakt nachweisbar hat sogar der Salzgehalt des Meeres praktischen Einfluß darauf. Ein ganz gewöhnlicher Mittelmeerdampfer darf zum Beispiel in Bremen glatte 150 Tonnen (à 1000 kg gleich etwa 150 Volkswagen gleich 450 Registertonnen) mehr laden, als es die außenbords angebrachte Lademarke zuläßt, weil die Weser Süßwasser führt und sich diese Tiefertauchung im Salzwasser wieder aufhebt.

Der Laie weiß bei einer allzu prompten Antwort nicht einmal, ob nun Raum- oder Gewichtstonnen gemeint sind. — Was ja wohl ein großer Unterschied ist.

Dann gibt es Tonnen, die mit der Schiffsgröße nur bedingt etwas zu tun haben. Das sind die Frachttonnen. Sie spielen in der Abrechnung eines Stückgutfrachtvertrages eine große Rolle.

Schließlich existieren noch Tonnen, die direkt mit der Bezeichnung für Schiffe überhaupt nichts mehr gemeinsam haben, für sie aber sehr wichtig sind. Das sind die Seezeichen, die es dem Seemann erleichtern, seinen Weg zu finden.

Eine solche „Tonne“ am Fahrwasser soll dieses Büchlein sein, um es dem Binnenländer — oder wie es bei uns heißt: dem Quitje — zu erleichtern, Seefahrt und Seeleute zu verstehen, und letzteren, sich an Dinge zu erinnern, die hierdurch nicht in Vergessenheit geraten sollen.

Die folgenden Geschichten sind alle erlebt — von mir oder von Kameraden. Wahr sind sie fast alle. Seeleute und andere Zeitgenossen, die sich hier wiederzufinden glauben, sind allerdings nicht gemeint.

Es war recht einfach, dieses Buch zu illustrieren. Ich hatte die Wahl zwischen den Fotos von rund 350 Originalen, die sich heute in Privatbesitz befinden, und einigen, die mein Eigentum sind. Die meisten meiner Ölgemälde sind Arbeiten, deren Auftrag etwa so lautete: „Die ADOLPH WOERMANN entweder im Hamburger Hafen oder irgendwo in ihrem Fahrtgebiet mit Hinter- und Vordergrund“. Das Ergebnis befindet sich auf Seite 66.
Durch meine Malerei habe ich sehr nette Leute kennengelernt und hoffe, mit diesem Büchlein ebenso freundliche Leser anzusprechen.

Harald Ricklefs

Der Koch

Der Bremerhavener Viermast-Schoner GEORG KIMME hatte die Straße von Yucatan passiert und befand sich mit einer Ladung Stückgut mitten im Golf von Mexiko. In leichter Dünung und vor handiger Backstagsbrise segelte er seinem Ziel New Orleans entgegen. Die Sonne schickte ihre glühenden Strahlen auf das ausgetrocknete Deck des Schiffes. Träge verrichtete die Besatzung ihre Arbeit in einer Backofenhitze, die der leichte Passat nicht zu mildern vermochte.

Sehr übel dran war der Koch. Er lag krank darnieder und klagte über heftige Kopf- und Leibschmerzen. Dabei war das stickige Logis schon für einen Gesunden alles andere als ein angenehmer Aufenthaltsort.

Diesen Umständen, der vom Reichsgesundheitsamt im Jahre 1929 herausgegebenen „Anleitung zur Gesundheitspflege auf Kauffahrteischiffen" und der damit vom Steuermann gehandhabten Praxis sowie der nunmehr von einem Jungmann zubereiteten schmalen Kost war der Lebensnerv des Smutjes eines Tages nicht mehr gewachsen. Er starb auf hoher See.

Da man nicht innerhalb der vorgeschriebenen Zeit Land erreichen konnte, stand ein Seemannsbegräbnis bevor.

Sorgenvoll blätterte der Kapitän in dem an Bord vorhandenen Neuen Testament, dem er bislang noch nie irgendwelche Beachtung geschenkt hatte. Ob er wollte oder nicht, zu diesem Fall *mußte* er einige Worte sagen, obwohl er darin kein feierliches, sondern vielmehr ein ärgerliches Ereignis sah, bei dem er, um das Gesicht nicht zu verlieren, das Schiff auch noch stoppen mußte, was ihm innerlich verdammt überflüssig vorkam. Jede gewonnene Meile war bares Geld, und letzteres wußte er als echter Seemann und Vertreter des Reeders wohl zu schätzen. Außerdem mußte im dollarschweren Amerika ein neuer Koch gefunden werden, der für deutsche Heuer fahren würde.

Als der Tote nun, eingenäht in eine Persenning, auf einem Lukendeckel aufgebahrt, an Deck stand, der Schoner mit dem Kopf auf der See dümpelte, während die Großsegelschoten aufgefiert waren, um die Fahrt aus dem Schiff zu nehmen, hielt Kapitän Brünjes vor versammelter Besatzung eine Predigt, die eigentlich nur im Vorlesen des Vaterunsers bestand. Mit dem Amen war die Zeremonie beendet, und auf den Befehl: „Denn man to!" rutschte der Koch in sein Grab — nach dem ökonomischen Prinzip natürlich ohne den Lukendeckel.

Eine weitere Sparmaßnahme erwies sich als verhältnismäßig verhängnisvoll. Man hatte dem Toten einen gewöhnlichen und daher viel zu leichten Schäkel als Beschwerung mitgegeben. Als zusätzliches Unglück erwies sich in diesem Zusammenhang der Umstand, daß man erst viel zu spät entdeckt hatte, daß der Koch überhaupt verstorben war. Die Leichenstarre war bei angewinkelten Knien eingetreten, und hier hatte sich unter der Persenning Luft angesammelt:

Der Mann ging nicht unter. Beim besten Willen nicht. Minutenlang blieb er neben dem Schiff, und weil man einen Segler nicht so genau auf der Stelle halten kann, trieb der Tote langsam achteraus.
Das Gesicht des Kapitäns wurde immer länger. Es war nämlich strenge Vorschrift, daß eine der See übergebene Leiche untergehen *mußte.* Vermutlich würde sie jetzt irgendwo antreiben, und man würde Nachforschungen anstellen. Seine Miene wurde finster, als er die weiteren Maßnahmen bedachte, deren Korrektheit durch das Archimedische Prinzip unmöglich gemacht wurde: genaue Eintragung des Sterbefalles in das Tagebuch mit Gegenzeichnung durch den Steuermann und Hinweis auf das Sterberegister. Davon mußten je zwei Abschriften dem deutschen Konsul in New Orleans übergeben werden. Später mußten das Tagebuch und der Anhang dazu, nämlich das Sterberegister, der Aufsichtsbehörde des Standesamtes im ersten deutschen Hafen vorgelegt werden. Last not least mußten die Verwandten benachrichtigt werden, die vermutlich auch daran interessiert waren, daß ihr Familienoberhaupt nicht irgendwo an der Küste von Mexiko wieder antrieb.
Diesen Schwierigkeiten und Gewissenskonflikten gegenüber stand die Unterbrechung der Reise als Verdienstausfall, die bei einem nunmehr nötigen Mann-über-Bord-Manöver, Drehung eines Vollkreises bei mäßiger Brise, dem Aussetzen eines Bootes und nochmaligen Beschweren der Leiche gut einige Stunden hätte ausmachen können.
Die Besatzung beobachtete ihren Kapitän, und er fühlte sich beobachtet, während Pflichtbewußtsein und gesundes kaufmännisches Empfinden in ihm um die Oberhand kämpften. Die Sekunden wurden zu Minuten, während sein Blick fest auf dem sich friedlich in der Dünung auf und ab bewegenden Koch ruhte.
Plötzlich entschied er sich für das Fortsetzen der Reise und brüllte seine Leute an: „Kiekt dor nich hen, de is all lang weg!“
Die Tagebucheintragung konnte „vorschriftsmäßig“ erfolgen.

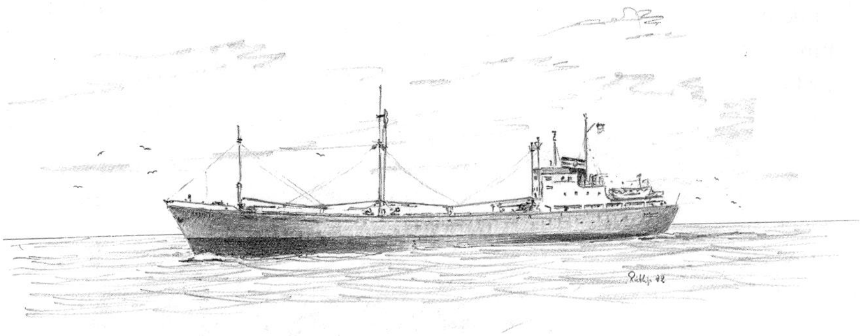

Die SABRATHA auf See

Der Moses

Jochen Bernhuber fährt heute längst als Erster Offizier und ist damit im Gegensatz zu vielen anderen Kollegen der Seefahrt treu geblieben. Der Anfang war aber sehr schwer. Als blasser, etwas schüchterner Junge sah er sich aus seinem heimatlichen Watzelsteg im Bayrischen Wald beim Dienstantritt auf der SABRATHA in eine völlig unbekannte Welt versetzt. Die einzige Vorstellung über seinen Beruf entstammte einer Lektüre, in der es nur Kapitäne und Matrosen gab, die entweder total versoffen waren oder in schneeweißen Uniformen mit dem Zeissglas vor der Heldenbrust an Land gingen und in Begleitung hibiskusgeschmückter Hula-Mädchen ein äußerst erstrebenswertes Dasein führten. Die rauhe Wirklichkeit, daß der Moses an Bord Kammern reinigen und Geschirr spülen muß, hatte er auch noch nie im Kino gesehen.

Seinen Spitznamen Kraxelhuber, den man ihm sofort angehängt hatte und den er zeitlebens nie wieder losgeworden ist, versuchte er zunächst mit der Erlernung des Plattdeutschen zu kompensieren, um wenigstens nicht gleich durch seine Aussprache als Quitje aufzufallen. Das war freilich nicht einfach, und gar zu leicht fiel er in seinen heimatlichen Dialekt zurück — vor allem in der Aufregung und wenn er ärgerlich wurde.

Überhaupt versuchte er eifrig, sich alles das anzueignen, was zu einem richtigen Seemann gehört. Sogar etwas zu eifrig — und das wußten seine Kameraden.

Wie in jedem Beruf wird der Lehrling, besonders aber der Neuling an Bord, erst einmal tüchtig hochgenommen.

Eines Tages saß die ganze Bande in der Messe, und jeder hätte sofort gemerkt, daß sich hier etwas Ungewöhnliches tat, nur Jochen nicht. Viel zu ernst be-

merkte der Bootsmann: „Tja, denn ist das Typhon wohl mal wieder kaputt."
Tiefsinnig antwortete ein Matrose: „Das ist es ja nu wohl bald jede Reise."
„Ich hab' sowas gehört, daß es heute wieder gestimmt werden soll", spann ein Leichtmatrose mit heller Stimme den Faden weiter und fühlte sich dabei wichtig und hoch über einen gewöhnlichen Schiffsjungen erhaben.
Heimlich von seinen Kameraden beobachtet, spitzte Jochen die Ohren ob derlei Neuigkeiten. Was ein Typhon war, war ihm noch unbekannt und erweckte erwartungsgemäß sein Interesse.
Das war an einem Sonntag nach dem Frühstück. Mit den Worten: „Denn wollen wir mal!" erhob sich der Bootsmann, gefolgt von seinen Seeleuten, außer von Jochen, der erstmal, weil an Bord schon morgens warm gegessen wird, einen Berg Geschirr spülen mußte.
Als Minuten später der Leichtmatrose von vorhin mit wichtiger Miene wieder in der Messe erschien und sich mit den Worten an den Schiffsjungen wandte: „Du sollst mal auf die Brücke kommen", ließ Jochen sofort seine Arbeit liegen und eilte voller Erwartung dorthin. Atemlos kam er oben an und hörte folgenden Dialog, den der wachhabende Offizier mit dem Bootsmann führte, nachdem ersterer das Typhon bedient hatte und der dröhnende Baß der elektrischen Schallanlage erklungen war: „Wir *müssen* was daran tun, Bootsmann! So geht es nicht weiter."
„Wir wollten es im Hafen schon erledigen, aber es war keine Zeit dazu gewesen."
„Dann schicken Sie doch mal einen kräftigen Mann nach unten, der uns das Dings holt."
Wie zufällig wandte sich der Bootsmann hierauf an den Jungen: „Jochen, kannst du mal eben in die Maschine gehen?"
„Ja, natürlich!" antwortete dieser.
„Laß' dir dort die Stimmgabel für das Typhon geben, und bring' sie hierher."
Scheinheilig besorgt fragte der II. Offizier: „Wollen wir ihm nicht einen Mann mitgeben?", während die Matrosen mit todernsten Gesichtern dabeistanden.
„Ach was", antwortete der Bootsmann, während Jochen sich schon eilfertig zum Gehen gewandt hatte, „er ist ein fixer Kerl und wird es schon allein schaffen."
Der letzte Satz, seiner Meinung nach nicht mehr für ihn bestimmt, verlieh dem Jungen Kraft und Freude, und durchdrungen von seiner wichtigen Mission gelangte er über steile Treppen in den Maschinenraum hinunter.
Dort war man durch das Sprachrohr bereits verständigt worden und empfing den Decksmoses entsprechend.
„Für welches Typhon?" brüllte der Ingenieur der Wache durch den Maschinenlärm. „Im Mast oder im Schornstein?" Das wußte Jochen nicht. Auch nicht, welche Tonlage man abstimmen wollte. Auf diese Weise jagte man ihn einige Male zwischen Brücke und Maschinenraum hin und her, bis man ihm dann einen ge-

waltigen Schraubenschlüssel in die Hand drückte: den Sternschlüsssel für die Schraubenmutter. Den schleppte er unter Aufbietung all seiner Kraft über steile, ölige Treppen, durch Betriebsgänge und enge Türen bis hinauf zur Brücke.
Da die „Gabel“ zur Abstimmung frei hängen mußte, hielt Jochen sie stöhnend in die Höhe, während der Zweite die Signalanlage brüllen ließ und der Bootsmann in den Pausen mit dem kleinen Hammer aus der Funkbude den Kammerton erzeugte.
Offensichtlich verlief aber alles nicht programmgemäß. Zu guter Letzt hatte der Funker noch nicht einmal die Noten zur Hand. Resigniert rief der Zweite: „Das müssen wir wohl doch im Hafen machen“ und schickte Jochen mit seiner schweren Last wieder in die Maschine.
Tagelang bildete dieser Versuch, das Typhon mit Bordmitteln wieder zu reparieren, das Gesprächsthema Nummer eins. — So lange, bis Jochen trotz aller Zweifel erkannt hatte, daß man ihn hinters Licht geführt hatte. Er schwor sich, nie wieder auf derlei Dinge hereinzufallen.
Als nun eines Tages mitten auf See der Kompaß „stehengeblieben“ war und der Bootsmann Jochen bat, den Kompaßschlüssel vom Storekeeper zu holen, um dieses wichtige Instrument wieder aufzuziehen, ging er sehr skeptisch an die Ausführung dieses Auftrages heran.
In der Maschine erläuterte man ihm dann, daß der Apparat unbedingt im Zimmermannshock liegen müsse, weil man nach der letzten Manövrierunfähigkeit usw., usw. . . .
Jochen roch Lunte, aber leider zu spät.
Trotzdem gelang den Matrosen noch einmal etwas Ähnliches: Das stundenlange Stehen am Ruder ist wohl eine der wichtigsten, aber auch zugleich eine der langweiligsten Aufgaben an Bord. Wieder an einem Sonntag hatte man ihn mit der Verheißung nach oben gelockt: Der Erste hat gesagt, du *darfst* schon Ruderwache gehen.
Zu beiderseitiger Freude übernahm Jochen stolz das Ruder.
Erst als er bereits drei Stunden dort stand und nicht wieder abgelöst wurde, ahnte er, daß er kein beliebtes Ehrenamt übernommen, sondern diesen schäbigen Kerlen lediglich dazu verholfen hatte, sich auf ihren Lorbeeren auszuruhen. Die Minuten zogen sich immer mehr in die Länge. Jochen begann zu gären und wurde schließlich und endlich sauer. Während des schier endlosen Rudertörns begann er sogar mit der ganzen Seefahrt zu hadern. In diesem Moment wollte ihm der Erste . . . Aber dazu erstmal eine Erklärung: Nach dem Schiffssicherheitsvertrag hat jedes schiffahrtstreibende Land eine Anzahl Schiffe mit meteorologischen Instrumenten auszurüsten, und diese Schiffe sind verpflichtet, ihre termingemäßen Beobachtungen nach einem Einheitsschlüssel funktelegrafisch der meteorologischen Zentralstelle ihres Landes zu senden. Solche Telegramme nennt man Seeobs, und der Schlüssel ist ein von der „Internationalen Meteoro-

logischen Organisation" in Toronto im August 1947 beschlossener Auftrag zur Verschlüsselung der Schiffswetterbeobachtungen.
Eines dieser Instrumente, nämlich das Schöpfwasser-Thermometer — ein kleiner Gummieimer mit fest eingebautem Thermometer —, drückte der Erste also bei Wachwechsel, als Jochen endlich abgelöst werden sollte, diesem mit den Worten in die Hand: „Hol noch mal schnell die Temperatur!"
Mißtrauisch ergriff der Junge das Gefäß, und als der Erste ihm erklären wollte, daß er damit die Seewassertemperatur messen solle und nicht etwa, wie man es bei ebenso windigen wie boshaften Leichtmatrosen befürchten müsse, das nach außenbord laufende Kühlwasser der Hauptmaschine, wie die Leine zu handhaben sei und die Temperatur abgelesen werde, stellte Jochen das Instrument auf den Ruderbock und rief entrüstet: „Ei jo, dös hab' i mir doch gleich denkt — dem Meer die Temperatur messe. Hernach werden Se mich noch nunnerschicke, i soll dem Stille Ozean den Puls fühle. Nei, nei, dös nimmermehr. I hab's satt. Dös glaubt Ihnen doch koahner net, dös mit Ihrer Temperatur!"
Sprach's und verschwand.

Die Schlange

Wie in jedem Betrieb gibt es auch an Bord irgendwo ein Schwarzes Brett für Bekanntmachungen. Auf einem normalen Frachter wird diese Einrichtung bei der Probefahrt einmal für irgendeine „Veröffentlichung" benutzt und bleibt dann lediglich Fußballergebnissen vorbehalten, wobei der auf einen Zettel notierte siegreiche Ausgang eines Matches gegen eine andere Besatzung oft reisenlang stummer Zeuge vergangener Taten bleibt. Im übrigen wird das Brett aber meistens nur durch vereinzelte Heftzwecken und Papierfetzen geziert. — Nicht so aber eines Tages an Bord des Dampfers WINNIE LATTMANN. Im Betriebsgang vor der Offiziersmesse prangte ein rotumrandeter Zettel mit folgendem Text:

> Aus ihrem Käfig im Proviantvorraum ist eine Kupferkopfschlange ausgebrochen. Der Biß dieses Reptils ist lebensgefährlich. Wer von ihr gebissen wird, muß sich sofort bei mir melden.
>
> Zwiewelfleth — Kapitän

Das war kurz, aber eindringlich.
Die WINNIE LATTMANN stand heimkehrend mit einer Ladung Mais, Baumwolle, Tabak, Erz und mit für europäische Tiergärten bestimmte exotische Tiere

in der Floridastraße. Hochsommerliche Hitze machte den Seeleuten an Bord schwer zu schaffen, zumal der mit dem besten Willen nicht wieder aufzufindenden Schlange wegen sämtliche Bullaugen geschlossen werden mußten. Es wäre nämlich keineswegs nur unangenehm gewesen, wenn sich das Biest durch eine jener Öffnungen in die Wohnräume verirrt hätte.
An Bord herrschte ein regelrechter Alarmzustand. Überall konnte das fast zwei Meter lange Untier lauern: nach Urwaldart auf den Sonnensegellatten oder einfach in den Rettungsbooten, aber auch zwischen dem Stauholz, das aus Raummangel auf dem achteren Deckshaus lagerte.
Der Kapitän hatte verlangt, daß die Seewache nachts Taschenlampen bei sich trug und mit Knüppeln bewaffnet war.
Auch der dickfelligste Jungmann war durch diese derart außergewöhnliche Maßnahme auf die unmittelbare Gefahr aufmerksam geworden, die ihn bedrohte.
Einer jener Herren war im Morgengrauen von seinem Makker am Ruder abgelöst worden, und da der Ausguckposten am Tage nicht besetzt zu werden braucht, begab er sich hinunter zur Kombüse, erstens, um mittels Trillerpfeife durch den wachhabenden Offizier erreichbar zu sein, und zweitens, um zu erkunden, ob der Koch irgendwo etwas Eßbares vergessen hatte.
Vorsichtig die Sonnensegellatten absuchend und überhaupt sehr aufmerksam, schritt unser Jüngling über das Bootsdeck. Nirgends eine Spur von der Schlange, und in der Kombüse war auch nichts Verdächtiges zu erblicken. Befriedigt stellte er seine „Waffe" an die tags zuvor neu gezimmerte Kohlenkiste und jumpte selbst sportlich und elegant oben hinauf, um sich von seinem Rudertörn zu erholen. — Aber im gleichen Moment sprang er mit einem entsetzten Schrei wieder dort herunter. Die Schlange hatte offensichtlich dahinter gelegen, sich bedroht gefühlt und hatte den Ruhestörer heftig in den Achtersteven gebissen.
Schreckensbleich flüchtete er aus der Kombüse, lief auf die Brücke und rief: „De Schlang hett mi beten!"
Daraufhin wurde der Wachhabende genauso lebendig, augenblicklich stand der Kapitän im Schlafanzug auf der Brücke, um Maßnahmen zu ergreifen.
Schlangenserum stand selbstverständlich nicht zur Verfügung, und da sich kein Freiwilliger fand, die Wunde auszusaugen, blieb als einziges Mittel eine glühende Zigarre, mit der das Gift in der Wunde unschädlich gemacht werden mußte. Höchste Eile war geboten, und Zwiewelfleth fragte den Unglücksraben: „Wo?"
Der zeigte auf sein Südende, und der Alte kommandierte: „Büx runner!"
Eine dicke Brasil hatte er schon mitgebracht und zündete sie nun hastig an. Der Jungmann mußte sich über den Lotsenbock beugen, und dann begann die Behandlung. Zwei Matrosen hielten den Pechvogel fest, der ob der mittelalterlichen Methode laut stöhnte und jammerte.

Als der Kranke abends, wie der Kapitän sich ausdrückte, „noch immer nicht gestorben war", stellte letzterer aufatmend und abschließend fest: „De Dussel!", denn die Schlange war in der Aufregung natürlich wieder entfleucht.
Die Alarmbereitschaft konzentrierte sich nun auf die Nähe der Kombüse, und als sich der Matrose Gerd Onken am nächsten Morgen ebenfalls auf die Kohlenkiste schwang, um auf das Biest zu lauern, biß es wieder zu.
Gewitzt aber durch die Ereignisse des Vortages, drehte sich Gerd vor seiner Flucht zum Kapitän noch einmal um, um die Schlange erst zu erledigen. Mit dem Knüppel holte er aus zu einem fürchterlichen Schlag und hieb auf — einen spitzen Nagel.

Die MARMARA auf der Weser

Der Lehrling

1. April in einem angesehenen Reedereikontor der Hansestadt. Besonders die Herren Lehrlinge sticht heute der Hafer. Einer von ihnen hat sich etwas ganz Großartiges ausgedacht. Eine Sache, die selbst die Herren der Direktion erschüttern muß. So weit darf es aber auf keinen Fall kommen, da der Übeltäter — vermutlich nach umfangreichen und äußerst blamablen Gegenmaßnahmen — ohne weiteres dingfest gemacht werden könnte. Allein die Wirkung auf die Mitarbeiter ob ihrer Leichtgläubigkeit wäre unserem Helden aber Vergnügen genug.

Die Reederei hatte nun — und das muß man hierzu wissen — ein Schiff von einer englischen Firma gechartert. Dabei war eine sogenannte Bare-Boat-Charter abgeschlossen worden, bei der das Schiff ohne Ausrüstung, Mannschaft, Offiziere und Kapitän gemietet wird, und man hatte es unter der eigenen Kontorflagge in Dienst gestellt.

Da der Chartervertrag entgegen den Gepflogenheiten gerade einer Bare-Boat-Charter aber vorsah, entweder die indische Besatzung, die auf vielen englischen, aber auch auf deutschen Schiffen gefahren wird, nach Hause zu fliegen oder einfach zu übernehmen, entschied man sich für letzteres. Nicht nur aus Bequemlichkeit, sondern gerade im Hinblick auf die erdrückende Personalknappheit, die zu Jack Londons Zeiten in Ermangelung weltweiter Verbindungen mit weitaus rauheren Methoden überbrückt worden war. Eigentlich war die Gelegenheit sogar ideal.

Angeregt durch seine blühende Phantasie, setzte sich der Lehrling hinter den einen Fernschreiber seiner Firma, deckte die Klappe auf, wodurch er gleichzeitig nicht durch die Glaswände aus dem Raum, wo sich der zweite Apparat befand, gesehen werden konnte, und fingierte von seinem auf den Zweitapparat ein Telegramm von Bord des Motorschiffes MARMARA über die Küstenfunkstelle Norddeich-Radio.

Während er eifrig tippte, peilte er über den Rand der Klappe und stellte frohlockend fest, daß die Fernschreiberin bereits in Anbetracht der umwerfenden Nachricht zwei Kollegen angelockt hatte, die neugierig die Zeilen von „Norddeich“ verfolgten.

Um die Spannung zu heben und um seinen Aprilscherz schon jetzt zu genießen, schrieb der Lehrling „mom“, was soviel bedeutet wie: Moment, bitte warten!

Langsam tippte er nach einer spannungsgeladenen und gelungenen Kunstpause weiter, und als er den Text beendet hatte, brach eine kleine Schar Angestellter in Jubel aus. Endlich mal was anderes als der tägliche Trott, und die Nachricht verbreitete sich mit affenartiger Geschwindigkeit im ganzen Hause.

Minuten später sackte unserem Lehrling das Herz aber in die Hose. Er hatte nicht rechtzeitig verhindern können, daß die Nachricht per Rohrpost nach oben ins Vorzimmer des Direktors sauste.

Wie ein geölter Blitz rannte der Junge über die Treppen nach oben, um sie dort abzufangen, aber neben dem Postkasten stand zufällig der — Direktor. Der Sünder flitzte wieder nach unten, um von irgendeinem Apparat aus mit der Sekretärin zu telefonieren. Die antwortete auf seine hastigen Worte: „Das Telegramm hat er gerade mit hineingenommen."

Das Unglück, die Katastrophe war geschehen.

Der Direktor las das Fernschreiben, eingeleitet durch Nummer und Code-Anschrift der Reederei, Bezeichnung der Küstenfunkstelle, Name des Schiffes mit Unterscheidungssignal und Uhrzeit des Einganges. Seine Augen wurden kugelrund, und in seinem Kopf begann es zu arbeiten. Energisch und präzise. Der Fall war von außerordentlicher Bedeutung:

> ausbruch laskarenaufstand stop verteidigen funkraum und brücke stop maschine durch meuterer besetzt stop schiff liegt beigedreht position westlich ushant 6 seemeilen 178 grad treiben bei windstärke 7 auf land zu stop hubschraubert dringend handfeuerwaffen bis einbruch dunkelheit

„Hubschraubert!" murmelte der Herr über fünfzehn große Seeschiffe, von denen sich eines nun in größter Not befand, halblaut und verächtlich. „Die sind wohl verrückt geworden." Dann stürzte er wie ein Pfeil ins Vorzimmer und brüllte: „Die Herren Prokuristen *sofort* zu mir!"

Die Sekretärin eilte, und im Nu waren sie alle versammelt. Es mußte entschlossen gehandelt und dafür eine Linie gefunden werden.

Man hatte die Bundesmarine. Eventuell standen Einheiten davon in der Nähe des Unglücks, die dort eingreifen könnten. Möglicherweise war die Maschinenanlage unbrauchbar gemacht worden. Welche Bergungsfirma operierte in dem Gebiet? Wie war der französische Küstenschutz zu erreichen, der eventuell *Schiffbrüchige* retten könnte?

Die Vorschläge jagten sich, als ein kleines Häufchen Elend die Höhle des Löwen betrat und in dieser knisternden Atmosphäre von einem — Aprilscherz sprach.

Gefaßt entließ der Direktor seine leitenden Herren mit den Worten — und seine Stimme zitterte vor Zorn: „Den Bengel werde ich mir selbst vorknöpfen!"

... und dieses Vorknöpfen soll fürchterlich gewesen sein.

Die FRIGGA im Vestfjord

Dirk Lorenzens Rache

Mit knapp zehn Knoten Fahrt zuckelte die FRIGGA mit achterlichem Wind und bei strahlendem Sonnenschein durch den Vestfjord. Dünner Rauch, der aus dem gewaltigen Schornstein kam, stieg gerade in den blauen Himmel. Auf der Backreling saßen weiße Möwen, und ihre langgezogenen trägen Schreie untermalten die Friedlichkeit eines Sonntages auf See, wie es ihn damals auf einem Kohlendampfer mit kaum wahrnehmbar laufender Maschine noch gab.
In der Mannschaftsmesse war der Moses ohne sonderliche Eile damit beschäftigt, das Frühstücksgeschirr abzuräumen. Die Matrosen der Freiwache und die sogenannten Tagelöhner saßen noch an ihren Plätzen, weil heute nicht zugetörnt wurde, womit der Seemann die Überstundenarbeit bezeichnet.
Plötzlich sagte der Bootsmann: „Moses, das ist gleich zehn Uhr. Willst du heute nicht den Sonntag einläuten?"
Der kleine Dirk Lorenzen war neu an Bord und hatte sich schon über manches gewundert, was es an Land nicht gab. Den Arm voller Geschirr, blieb er fragend vor dem Bootsmann stehen, der ihn sogleich in einem Ton anschnauzte, an den

der Junge sich schon gewöhnt hatte: „Beeil dich, Freundchen — Punkt zehn vorne auf der Back!“
Dirk sah auf die Uhr. Höchste Eile war geboten, und schnell stellte er die sauberen Teller und Tassen weg. Als er sich noch mit dem Besen zu schaffen machen wollte, winkte der Bootsmann ab: „Laß bloß das Fegen sein. Der Alte kann verdammt ungemütlich werden, wenn ein Schiffsjunge sonntags nicht pünktlich ist.“
Dirk hatte minutenlang seine Zweifel unterdrückt, aber infolge völliger Unkenntnis christlicher Gepflogenheiten, wie sie auf See gehandhabt werden, wandte er sich an den Bootsmann mit der direkten Frage: „Und was soll ich dort machen?“
„Geh' man erstmal nach vorne und nimm den Bezug ab von der Gegensprechanlage. Der Wachhabende auf der Brücke wird dir das schon sagen.“
So trabte der Junge nach vorne. In Anbetracht der feierlichen Mission gemessenen Schrittes — eine Gangart, die er sich sonst nicht erlauben durfte.
Die FRIGGA war mit 127 Metern Länge das seinerzeit weitaus größte deutsche Schiff. Dirk hatte also genügend Muße, über seinen Auftrag nachzudenken. Er war sehr erstaunt, ja geradezu erschüttert, daß Seeleute einen Sonntag auf See so ernst nehmen, und ein Gefühl des Stolzes durchrieselte ihn, weil man *ihm* den ehrenvollen Auftrag erteilt hatte, den Sonntag einzuläuten. Es war natürlich auf allen Schiffen so, daß der Moses das machen mußte. Dieses Privileg war nicht sein eigenes, aber immerhin.
Zum erstenmal im Leben dachte er wirklich an Gott. Das mußte aber ein ganz anderer sein als der aus der Konfirmandenstunde. Der Gott der Seeleute mußte ein vernünftiger Mann sein, der zuständig war für gutes und schlechtes Wetter. Der mußte den Kurs der FRIGGA bestimmen. Der hatte sicher keine Zeit, sich stundenlang Choräle anzuhören. Der Klang der Schiffsglocke über einem norwegischen Fjord, das war die Andacht, wie Seeleute sie hielten.
Und Dirk machte seine Sache gut. Wuchtig bediente er den Klöppel der großen Glocke, auf der in erhabenen Buchstaben der Name FRIGGA stand und das Baujahr 1924. Bedachtsam führte er das aus, was ihm der III. Offizier durch die Sprechanlage sagte. Nur mit dem Aufsagen eines Gebetes, damit haperte es erheblich.
Am nächsten Sonntag war das Schiff wieder auf See, und wieder läutete Dirk den Tag ein. Dieses Mal konnte er ohne jegliches Stocken das Vaterunser aufsagen — so wie es in dem von der Seemannsmission gestellten Neuen Testament zu lesen stand.
Obwohl alles klappte, war er doch nicht so mit dem Herzen bei der Sache. Es waren ihm sogar Bedenken gegen diese ganze Angelegenheit gekommen. In der vergangenen Woche hatten die Matrosen nämlich zu viel und zu profan davon gesprochen. Möglicherweise wollte man ihn nur uzen.

— Und tatsächlich. Als er das Vaterunser mit dem Amen beendet hatte, ertönte nicht nur aus dem Mikrofon, sondern auch auf dem direkten Wege von der Brücke her ein schallendes Gelächter. Dirk mußte einsehen, daß man ihn hinters Licht geführt hatte. Nahezu völlig ahnungslos war er hereingefallen auf den Schabernack dieser Schufte. Wütend murmelte er in der Sprache seiner niederdeutschen Heimat: „De hebbt mi anscheten!"
Als er wieder über Deck nach achtern ging, erhob er die geballte Faust in Richtung der Brücke, wo seine Peiniger standen, und schwor Rache — bittere Rache!
Zehn Mann waren nun gegen ihn. Das war eine erdrückende Übermacht, aber das Glück war ihm hold: Im Jahre 1951 gab es nämlich noch Klassenunterschiede in Form von „Tausendfrucht" und „Salonmarmelade". Erstere wurde in großen Eimern geliefert, und Billigkeit sowie Qualität dieses Stoffes standen in engem Verhältnis zueinander. Ganz Übelwollende behaupteten sogar, daß Steckrüben darin enthalten seien.
Wesentlich anders war die Aufbereitung der Salonmarmelade, die, wie ihr Name schon sagt, nur im Salon gereicht wurde. Darin waren zum Beispiel „echte" Kirschen verarbeitet und „naturreiner" Zucker. Jene Superlative waren für den gewöhnlichen Seemann unerreichbar, und dieser Umstand war es, den Dirk für seine Rache ausnutzte. Er besorgte sich vom Steward eines jener Gläser — selbstverständlich ein leeres — und füllte es mit dem vielgeschmähten Steckrübenjam.
Und dann begann seine große Stunde. Wieder war es an einem Sonntag, weil er da die Herren Matrosen vollzählig in der Messe versammelt wußte. Ganz leicht geheimnisvoll stellte er die „Salonmarmelade" neben sein Frühstücksbrett, begann zu essen, und der Racheakt fing an, planmäßig abzulaufen. Ein Jungmann, der ihm gegenüber saß, rief in einer seinem Stande entsprechenden unbekümmerten Ausdrucksweise: „Der frißt Salonmarmelade!"
Sofort waren aller Augen auf das corpus delicti gerichtet. Der Bootsmann, der an einem anderen Tisch saß, drehte sich um und befahl — nicht nur im Hinblick auf die Wiederherstellung eines total aus den Fugen geratenen Standesunterschiedes, wonach ein Schiffsjunge ja wohl als allerletzter Salonmarmelade zu verlangen hatte: „Laß das Glas mal rumgehen!"
Dirk mimte wilden Protest mit der Aufforderung: „Ihr könnt euch selbst welche besorgen. Eßt ihr man eure ostfriesische Steckrübenkonfitüre." Aber das drohende „Los los los!" des Bootsmannes war nicht zu überhören. Anscheinend widerwillig schob der Junge das Glas seinem Nebenmann hin.
Dann begann ein wahres Gemetzel, und als zwei Leichtmatrosen bereits gleichzeitig auf dem Grunde des Glases bohrten, begann der Bootsmann zu Dirks heller Freude zu fluchen, weil er befürchten mußte, nichts mehr abzubekommen. Als sich nun aber alle bedient hatten, stellte jemand fest: „Die schmeckt ja ganz

so wie Tausendfrucht!“ Und ein anderer: „Ich kann auch nichts Besonderes daran finden.“

Das war das Signal. Und als der Bootsmann nun mißbilligend das Etikett auf dem Glase betrachtete, stellte Dirk sich an die Tür und rief: „Glaubt ihr denn, ich bin so dumm, *euch* Offiziersmarmelade abzugeben?“

Es erhob sich ein wildes Geschrei, und man versuchte, ihn zu fassen, aber Dirk flitzte die Treppe hinauf an Deck und war in Sicherheit.

Leise hob er hier dann den Lüfter von seinem Stutzen, der in die Mannschaftsmesse hinunterführte, denn seine Rache war noch nicht perfekt. Er horchte und konnte zu seiner außerordentlichen Genugtuung feststellen, daß man sich seinetwegen in den Haaren lag, denn die Meinungen waren geteilt. Die einen hatten es natürlich gleich bemerkt, und die anderen wollten es auch jetzt noch nicht wahrhaben, daß ausgerechnet der Jüngste sie angeschmiert hatte. Abschließend hörte Dirk jedoch die Stimme des Bootsmannes: „Der hat uns alle aufs Kreuz gelegt, da gibt es gar keinen Zweifel.“

Jetzt beugte sich der Lauscher über den Stutzen, rief mit verstellter tiefer Stimme, und hohl klang es in dem eisernen Lüfterschacht hinunter zur Messe: „Achtung, Achtung! — — — Hier spricht der liebe Gott. — Euer täglich Brot gab ich euch heute und euren Steckrübenjam. — Euch Dösbaddels!“

Und dann holte er nochmal Luft für die Spitze, die seine Gegner bis ins Mark treffen sollte: „Euch *scheinheiligen* Dösbaddels!“

Ein wüstes Geschrei und eilige Schritte auf der Treppe veranlaßten ihn, nun aber auch wirklich das Weite zu suchen.

Gestörte Sonntagsruhe

Das Wasser war nicht blau wie das des Mittelmeeres, sondern smaragdgrün und leuchtete besonders auffallend unter den breit ausladenden Plattformen der Leichter, die längsseits der KRETA vertäut waren. Das Schiff lag mit einer Ladung Zement in Säcken auf der Reede von Iskenderun. Kein Windhauch bewegte die türkische Flagge an der Rah des Vormastes oder die deutsche am Heck. Träge hingen die Zementbroken an den Lasthaken der Ladebäume über den Schuten.

Zur allgemeinen Zufriedenheit der Besatzung wurde nicht gearbeitet. Es herrschte absolute Ruhe im Hafen, denn der Tag der Republik, der einer der wichtigsten türkischen Feiertage ist, fiel heute auch noch auf einen Sonntag.

Ganz besonders froh darüber war der Leichtmatrose Jonny Ripken. Brauchte er doch aus diesem Grunde keine Persenninge zu schleppen, kein Stauholz zusammensammeln und nicht die unzähligen kleinen Arbeiten verrichten, die der Ladebetrieb sonst natürlich auch sonntags mit sich bringt.

Ein großer Teil der Besatzung hatte sich im Schatten der Mittschiffsaufbauten auf Luke III zu einem Klönschnack versammelt, und Jonny saß mitten unter ihnen. Ein Bild tiefsten Friedens — so lange, bis der Dritte Offizier Rustat auftauchte: „Schnorchel, du sitzt hier?!?! Hast du nichts zu tun?"

Jonny murmelte etwas von Sonntagsruhe und hätte dem Dritten am liebsten etwas ganz anderes erzählt. Nicht einmal der Kapitän nannte ihn Schnorchel, und jetzt kam dieser lausige Dritte Offizier, der sein Patent gerade gemacht hatte — und das höchstwahrscheinlich mit Ach und Krach —, und wollte ihm, dem Leichtmatrosen Johannes Ripken, Kommandos erteilen. Und dann noch unter Benutzung seines verhaßten Spitznamens. Jonny war entrüstet.

„Und was macht deine Gangway?" forschte der Dritte weiter. „Ich glaube, *dort* ist dein Platz und nicht hier. Du hast doch Wache — also bitte."

Zähneknirschend trollte sich der Junge und setzte sich auf die Reling an der Gangway.

Ganz allein, von seinen Kameraden getrennt durch die Mittschiffsaufbauten, hockte er dort und hegte Rachegedanken. Es war absolut unter der Würde eines Frachter-Seemannes, Gangwaywache zu schieben. Das war eine Gepflogenheit, die auf Musikdampfern geübt wurde. *Alltags* wurde es auf der KRETA ja auch nicht gefordert. In Jonny loderte die heiße Glut der Empörung. Dem werde ich einen Farbpott auf den Kopf ballern, schwor er. Eines Tages wird er unter der Stelling hindurchgehen, auf der ich mit schwarzer Farbe arbeite . . . oder ich werde ihm den Deckwaschschlauch mitten ins Gesicht halten.

Zwei Stunden saß er schon mit solchen Gedanken beschäftigt da, als er den Bums einer Barkasse vernahm, die an der Gangway anlegte. Das Geklapper ihrer

Stufen machte ihn auf einen einheimischen Jungen aufmerksam, der mit einem Brief in der Hand zu ihm heraufkam – für den Dritten Offizier Hans Rustat.
Jonnys ohnehin schon unfreundliche Reaktion wurde erst richtig heftig, als er den Absender las: Gabriele Nielsen, Hotel Alcacar, Iskenderun.
„Jetzt hat der Schuft auch noch Chancen bei den Weibern" murmelte er und empfand dieses als weiteres Öl auf die Flamme seines Zorns.
Er ging mit dem Brief zu seinem Gegner, der sich just auf dem Platz niedergelassen hatte, wo er ihn zuvor verscheucht hatte, und überreichte das Schreiben mit der bissigen Bemerkung: „Ein Brief von einer ‚Tänzerin'."
Nun machte in der Zeit kurz nach dem Zweiten Weltkrieg eine bestimmte Sorte Frauen den Orient unsicher, die sich mit dem Namen Tänzerin eine gewisse Legalität verschafften. In Wirklichkeit gingen sie einem ganz anderen Gewerbe nach.
Jonnys Hoffnung allerdings, er könne den Dritten mit seiner Bemerkung treffen, erwies sich als eitel. Der steckte den Brief, anscheinend gelangweilt, ohne ein Wort des Dankes ein und setzte seine Unterhaltung fort.
Mutterseelenallein saß unser Leichtmatrose dann wieder auf seiner Reling, als er plötzlich Schritte vernahm. Er blickte den Gang entlang und sah den Dritten auf sich zukommen. Ruckartig wandte Jonny sich wieder um und drehte dem Ankömmling den Rücken zu. Was der wohl schon wieder wollte?
„Jonny!" sprach ihn Rustat an, „kannst du mir mal eben die Haare schneiden?"
Nun war der Junge eines Tages mehr oder weniger durch einen Zufall ehrenamtlicher Bordbarbier geworden, und weil er seine Sache gut gemacht hatte, war es dabei geblieben.
„Mal eben?" fragte er finster. „Überhaupt nicht!!!" Und seine Antwort klang so schroff und so abweisend, daß der Dritte besser daran getan hätte, es nicht weiter zu probieren.
„Für einen halben Kasten Bier?!" versuchte der es jedoch weiter.
Die Sache schien sehr dringend zu sein. Vermutlich wollte er sich für diese Gabriele Nielsen herausputzen lassen. Jonny empfand nichts als Verachtung, und geringschätzig schnob er durch die Nase: „Für 'nen *halben* Kasten!?"
„Na meinetwegen für einen ganzen." Der Dritte ließ nicht locker.
Trotz seines Zornes hatte sich Jonny einen Funken klarer Überlegung bewahrt. Offenbar äußerst widerwillig ließ er sich herab, das Haarschneiden vorzunehmen und erhob sich, um das Werkzeug zu holen.
Und als er über Deck nach achtern ging, als er genau erkannt hatte, daß seine große Stunde schon gekommen war, da betete er, und sein Herz hüpfte vor Schadenfreude: Herrgott, laß meinen Zorn nicht so schnell verrauchen. Gib mir die Kraft, und laß mich nicht weich werden. Dem Kerl schneid' ich 'ne Glatze – radikal!
Mit steinernem Gesichtsausdruck und ohne einen Ton zu verlieren, begann

Jonny dann, den Akt der Rache zu vollziehen. Tatort war das Achterschiff, wohin ihm der Dritte gefolgt war. Mit grimmigem Übermut knotete Jonny ein Handtuch derart stramm um den Hals seines Opfers, daß Rustat kaum noch Luft holen konnte. „Nicht so fest!" zeterte er. „Du bist wohl des Deubels!"
Jonny schwieg eisern und begann zu schneiden. Die erste Furche lief tief wie eine Waldschneise vom Nacken bis ganz über den Wirbel hinweg. Rustat spürte den kalten Stahl der Maschine wie er es noch nie erlebt hatte und kleidete seine Bedenken in die Worte: „Mach' das bloß vernünftig."
Jonny antwortete mit vor Triumph zitternder Stimme, und aus seiner Sicht heraus hatte er vollkommen recht: „Das *wird* vernünftig."
Jedoch — mit diesem ersten gelungenen Streich schwand ihm wohl nicht der Mut, es stellten sich aber Bedenken ein — wenigstens gegen eine totale Glatze. Er säbelte schon weitaus vorsichtiger, ja, er versuchte sogar, doch noch eine einigermaßen vernünftige Frisur zu schneiden. Die „Waldschneise" war schon tief genug, und in der Tat hatte der Dritte ja möglicherweise nur seine Pflicht getan, als er die Aufforderung erteilte, die Gangway zu bewachen. Jonny war wankelmütig geworden. Er verspürte sogar so etwas ähnliches wie Reue.
Als die Behandlung beendet war, betrachtete er das Werk auf dem Kopfe seines davonschreitenden Gegners und stellte fest, daß man mit leicht zusammengekniffenen Augen gar nichts Negatives mehr erkennen konnte. Jedoch — als Jonny seine Sachen wieder zusammenpackte — mit einem leisen Seufzer der Hoffnung auf eine nicht allzutiefe Kluft zwischen ihm und der Schiffsleitung —, da ertönte aus der Gegend von Luke III ein wahrhaft brüllendes Gelächter . . .
Der Kasten Bier ist von beiden totgeschwiegen worden.

Dienstagsreise

Gleichzeitig mit der Fertigstellung der Kaiserschleuse und der neuen Lloydhalle in Bremerhaven wurde 1897 der Schnelldampfer KAISER WILHELM DER GROSSE in Dienst gestellt. Das Schiff war beim Stettiner Vulcan vom Norddeutschen Lloyd für eine Geschwindigkeit von 21 Knoten bestellt worden, um in Anpassung der Fahrzeit Bremerhaven, Southampton oder Cherbourg — New York am sechsten Tage nach der Abfahrt von den Kanalhäfen auch während der Herbst- und Winterreisen bei Tage dort einzutreffen, weil man damals die Passagiere in New York nachts nicht abfertigte.

Mit einer überkontraktlichen Geschwindigkeit von 22,4 Knoten errang das Schiff auf der dritten Reise, nachdem die Maschinenanlage sehr sorgfältig eingefahren worden war, das Blaue Band für Deutschland, und mit dem nicht von der Werft geforderten Überschuß an Geschwindigkeit war es in den meisten Fällen möglich, den Fahrplan genau einzuhalten.
Das war eine nicht nur bei den Passagieren beliebte Sache. Gerade die Männer der Besatzung schätzten diese Regelmäßigkeit, weil es damit möglich war, genau zu kalkulieren, wann und wie lange man zu Hause sein konnte. Der Landurlaub konnte turnusmäßig und gerecht verteilt werden.
Weil das Schiff dienstags in Bremerhaven ankam und erst am nächsten Dienstag wieder in See ging, sprach der Seemann ob dieser wunderschönen Tatsache beinahe liebevoll von den „Dienstagsreisen".
Nur durch schlechtes Wetter konnte dieser Rhythmus — dann allerdings empfindlich — gestört werden. Manch stilles Gebet ging gen Himmel, um Petrus gnädig zu stimmen, aber auch mancher fromme Wunsch mußte begraben werden — besonders wenn es dick wurde. Das Klingeln des Telegrafen über dem Maschinenleitstand gab auch den Männern davon Kunde, die den Nebel nicht sehen konnten. Handräder wurden gedreht, Schieber betätigt und Hoffnungen beerdigt, nämlich:

Auf halbe Kraft liegt nun der Hebel,
Denn dort oben, dort herrscht Nebel.
Von Minute zu Minute
Ertönt der Pfeife Dampfgetute.
Langsam drehn sich Schraub und Welle,
Das Schiff kommt kaum noch von der Stelle.
Plötzlich rümpfen sich die Nasen,
Sicherheitsventile blasen.
Heißt es darauf „Dämpfer zu!"
Hat der Heizer seine Ruh'.
Einer dieser schwarzen Raben,
Die den Nebel gerne haben.
Kann doch von der Wasserpütze
Regulieren er die Hitze.
Doch der Vierte Ingenieur
Sieht im Nebel ein Malheur.
Er als junger Ehemann,
Der nun nicht nach Hause kann.
Und verdrießlich seufzt er leise:
„Fahr wohl, du schöne Dienstagsreise!"

Der Heizraum auf einem Schnelldampfer war alles andere als ein angenehmer Aufenthaltsort. Bei 45° Hitze, Kohlen- und Aschestaub, Lärm und schwerster Arbeit begrüßte man das dort unten, was auf der Brücke am meisten gefürchtet war: Nebel. Bei langsamer Fahrt oder oft bei ganz gestopptem Schiff konnten die Heizer auch mal eine ruhige Wache schieben, jene Männer, die die Luxusliner überhaupt erst zu *Schnell*dampfern gemacht haben.

Der Alte Reiners

Wenn he wookt, denn quaakt he — wenn he sloppt, denn schnarcht he. Früher war das tatsächlich so. Das ist aber schon lange her.

Motorschiff TREUENFELS stand ausgehend im Englischen Kanal. Der II. Offizier Jansen ging verdrießlich seine Wache. Blutjung, war er doch schon im Besitze des Kapitänspatentes für Große Fahrt und fühlte sich entsprechend verantwortlich für den Bordbetrieb. Es hatte sich nun aber schon einiges herausgestellt, das ihm aus dieser Sicht heraus keineswegs behagen wollte, obwohl er erst eine Woche an Bord war. Ein dicker Dorn im Auge war ihm der Umstand, daß der Kapitän den Segeltuchüberzug des Radargerätes mittels einer durch Ösen geführten Kette und einem Vorhängeschloß auf See verschlossen haben wollte. Dadurch verwehrte der Alte erstens einem erfahrenen Nautiker ein Instrument, das ihm besonders bei mäßiger Sicht, aber auch bei der Ortsbestimmung eine äußerst wertvolle Stütze hätte sein können, und zweitens ein gewisses Vertrauen, das jeder Kapitän seinen Offizieren nun mal schenken sollte.

An diesem Tage, während Jansens Wache, hatte der Kapitän in den Seekarten gewühlt und hatte sie, sowie gleich drei Segelhandbücher, ungeordnet kreuz und quer auf der Karte liegengelassen, die momentan benötigt wurde. Ebenso hatte er sämtliche gebrauchten Schubladen offen gelassen. Ein Leichtmatrose konnte es nicht machen, also sah sich der Zweite gezwungen, diesen Schlurkram wieder wegzuräumen, um überhaupt vernünftig navigieren zu können.

Über die Fähigkeit des Kapitäns, die Würde seiner Offiziere zu ignorieren, hatte unser Zweiter dann gelegentlich eines Wachwechsels mit dem I. Offizier im Kartenzimmer außer Hörweite des Rudergängers gesprochen und herausgefunden, daß er mit seiner Meinung nicht allein dastand. Es hatte sich sogar dabei ergeben, daß man so richtig herzerfrischend über den Alten hergezogen war.

„Es ist wohl mal angebracht", sagte der Zweite, „auf das Glas des Barometers zu klopfen, um die Trägheit des Zeigers auszugleichen — wenn unser Obermufti aber daraufklopft, muß man glauben, daß das Glas zerspringt und daß das ganze Instrument von der Wand fällt. Und dann tut er es auch noch jedesmal, wenn er auf die Brücke kommt *und* wenn er sie wieder verläßt."

Auf den Ruf des Rudergängers: „Entgegenkommer an Backbord!" eilte der Zweite ins Ruderhaus, und sein Kollege wünschte gute Wache — etwas freier bei dem Gedanken, daß er die Eigenheiten des Kapitäns nicht als einziger danebenschätzte.

In der Koje, kurz vor dem Einschlafen, fiel Helmut Jansen etwas ein, was er gleich während der nächsten Wache in die Tat umsetzen wollte. Er kannte die Mentalität solcher Kapitäne wie die des seinen nur zu gut, um zu wissen, daß jener nicht nach dem Urheber fragen würde — einerseits, um die Sache zu bagatellisieren, andererseits aber, um sich nicht seine Schwäche einzugestehen. Mit diebischer Freude sah er im Geiste seinen Kapitän vor dem Barometer stehen, Macht der Gewohnheit mit gekrümmtem Zeigefinger, aber jedesmal mit zwiespältigen Gefühlen, weil er sich durch ein kleines Schild, immer wieder und nicht wissend von wem, beobachtet fühlen würde.

Jansen schrieb schadenfroh mit der Maschine vier Wörter auf einen Zettel, schnitt ihn auf ein möglichst kleines Maß zurecht, umrahmte ihn liebevoll mit schwarzem Kugelschreiber und klebte ihn dann mittags nach dem Wachwechsel, als der Kapitän beim Essen saß, auf den Oberrand des Barometers.

Nach seinem gewohnten Mittagsschlaf kam Kapitän Reiners dann auch wieder auf die Brücke. Der Zweite hatte ihn die Treppe heraufpoltern hören und war auf die Nock hinausgetreten. Hinter dem Fenster der Funkbude konnte er durch die geöffnete Tür zum Kartenzimmer hin unbemerkt das Barometer beobachten und das Drama, das sich davor abspielte: Wie üblich strebte Reiners auf sein Hobby zu und — hielt inne. Seine Augen wurden groß und immer größer, sein Arm senkte sich langsam, und seine Stirn zog sich in Falten. Alles zur stillvergnügten Schadenfreude des Urhebers und Lauschers hinter der Funkbudenscheibe.

Die „Inschrift“ bestand nämlich aus dem Satz: Ich bin schon bekloppt.

Als Kapitän Reiners, dessen Tagesablauf auf See normalerweise wie ein Uhrwerk ablief, nach dieser empfindlichen Störung auf die Nock hinaustrat, ließ sich sein Zweiter den frischen Fahrtwind um seine Unschuldsmiene wehen und besaß obendrein noch die Kühnheit, von einem „so richtig herrlichen Wetter“ zu reden.

Mit schlecht verhohlenem Groll verließ Reiners die Brücke. Er soll nie wieder das Barometer bekloppt haben.

Lotsenschoner PRINZ ADALBERT auf Station

Der Lotse

Der Lotsenschoner PRINZ ADALBERT kreuzte in der Wesermündung. Mit gerefften Segeln hatte er sich bis auf die Höhe der Tegeler Plate zurückgezogen. Grau und kantig rollten die kurzen Seen unter dem Rumpf des kleinen Fahrzeuges dahin. Tiefliegende Wolkenfetzen jagte der Novembersturm vor sich her, und in bedrohlicher Nähe zeigte die Brandung ihre gefährlichen weißen Zähne.
Jens Mommsen war „Erster Mann“, das heißt, das nächste aufkommende Schiff würde von ihm gelotst werden. Mit einem Gesicht wie das Wetter, bedingt durch überkommende Seen und Spritzwasser, stand er unter freiem Himmel neben dem Rudergänger, beäugte mißtrauisch den Kompaß und verglich zum werweißwievielten Male die Windrichtung, aber der Sturm kam stetig aus der Schlechtwetterecke.
Verdrossen erinnerte er sich an jenen „neemodschen Krom“, den man in Unkenntnis dessen, daß der Luftdruck auf dem Schiff überall gleich ist, vielleicht aber auch aus reiner Querköpfigkeit gegen diese Neuerung draußen in Wind und Wetter am Besanmast angebracht hatte.

Mit verschlossener Miene musterte er das Instrument und klopfte das Glas mit dem gekrümmten Zeigefinger, wobei der Zeiger noch eine Spur weiter nach „Schlecht Wetter“ ausschlug. Grimmig schluckte Mommsen die Tatsache, daß das Barometer seine Wetterprognose wirklich bestätigte. Nichtsdestotrotz fühlte er eine unüberwindliche Abneigung gegen derlei Meteorologie, die sich immer mehr aufstaute, weil niemand in der Nähe war, dem gegenüber er seinem Unmut hätte Ausdruck verleihen können, denn die Kollegen waren unter Deck, und am Ruder stand nur ein Leichtmatrose, der für solche fachmännischen Äußerungen eigentlich nicht in Frage kam. Jedoch wohl wissend, daß jener ihn beobachtet hatte, und in der gründlichen Überzeugung, daß ein Barometer keineswegs seinen ständigen Platz an Bord verdient habe, wandte Mommsen sich an den jungen Mann und knurrte in jeder Beziehung herablassend: „Nu hebbt wi son Dings — un nu weiht dat immer noch!“

Chief und schief

Man schrieb das Jahr 1952. Die deutsche Schiffahrt war im Aufbau begriffen. Die Verhältnisse in und nach dem Kriege hatten es aber mit sich gebracht, daß nicht jeder Fahrensmann wieder zu seiner Reederei zurückfand. So mußte manch einer froh sein, wenn er statt auf einem schneeweißen Passagierdampfer auf einem uralten Tramp fahren konnte. Die MAGDALENE VINNEN war ein solcher. Nach der Aufhebung der Schiffahrtsbeschränkungen für Deutschland als Second-Hand-Tonnage von den Engländern zurückgekauft, dampfte das Schiff mit knapp neun Knoten Fahrt in Ballast oder schwer beladen mit Bulkladungen um die Welt. Ihr Chief-Ingenieur war einer jener Herren, die das Schicksal aus dem Salon eines Musikdampfers in die gemütliche Atmosphäre eines Trampdampfers versetzt hatte. Als alter Fahrensmann wußte er diesen Umstand nicht nur zu nehmen, sondern sogar zu schätzen. Nicht so seine Tochter, eine blühende junge Dame von achtzehn Jahren, deren Grundeinstellung zum Leben etwas höheren Idealen gewidmet war als dem Leben auf einem Tramp.
Das Schiff lag in Rotterdam im Lekhaven und war mit der Entlöschung von 5000 t rotem Erz aus dem nordafrikanischen Bona fast fertig. Etwas von oben herab — bildlich wie wirklich, denn sie stand auf dem Bootsdeck — betrachtete unsere junge Lady das Treiben der Matrosen, die damit beschäftigt waren, das Deck zu waschen. Kräftig schoben sie dort den schweren Erzstaub mit großen Piasavabesen aus den Speigatten, wo der Druck des Deckwaschschlauches nicht ausreichte.

Natürlich war auch den Seeleuten die Anwesenheit des Mädchens aufgefallen, und schadenfroh folgten ihre Blicke dem scharfen Strahl, wenn ihn der Leichtmatrose Olaf Gerken in bedrohliche Nähe der Jungfrau führte, obwohl es dort eigentlich nichts mehr zu waschen gab. Fräulein Degenhardt aber, im vollen Bewußtsein ihrer Erhabenheit als Tochter des Chiefs — des Vorkriegs-Luxusliner-Chiefs —, ließ sich nicht einschüchtern. Sie blieb stehen und musterte Olaf mit funkelnden Blicken.
Aufgestachelt durch die munteren Zurufe seiner Kameraden hielt der Leichtmatrose jetzt den Strahl mit dem eiskalten Wasser auf die Faceplatte direkt zu Füßen der jungen Dame. Theoretisch prallten die Wassermassen zurück, praktisch hatte das Edelfräulein aber einiges abbekommen und schrie entsetzt ob dieser Frechheit im Brustton überlegenen Standesbewußtseins: „Sieee! Unterlassen Sie das gefälligst. Mein Vater ist Chief!“
Olaf war keineswegs auf den Mund gefallen. Für Sekunden hielt er den Schlauch außenbords, und in die Stille nach dem lauten Geprassel des Wassers auf die eisernen Schotten schrie er: „Wenn Ihr Vater *sch*ief ist, dann muß er mal zum Arzt gehen!“
Der sofort und noch bedrohlicher wieder einsetzende Wasserschwall erledigte den Rest: Die junge Dame eilte schleunigst vondannen.

Die MAGDALENE VINNEN auf einer Reede in Südamerika

Seemannsalltag auf einem Schoner

Öl auf Hartfaser, 37 x 49 cm

Auf Seereisen kam es natürlich vor, daß Männer der Besatzung erkrankten. Abhilfe bei Beschwerden über der Gürtellinie mit Kopfschmerztabletten und darunter mit Abführtabletten war mitunter nicht ausreichend. Fernab der Heimat mußte für manchen braven Mann die Flagge halbstocks gesetzt werden ... (s. S. 9).

Die WINNIE LATTMANN hier auf dem Tejo

Öl auf Leinwand, 50 x 70 cm

Auf See war eine Kupferkopfschlange aus ihrem Käfig ausgebrochen und hatte für erhebliche Unruhe gesorgt . . . (s. S. 14).

Die KRETA im Bremer Holzhafen

Öl auf Leinwand, 30 x 60 cm

Das Fahrtgebiet der KRETA war das Mittelmeer. Für die Seeleute eine recht angenehme Route, weil die Reisen nicht zu lang waren und die Häfen Abwechslung boten. Und wenn man dort irgendwo an Land ging, in piekfeiner Khakikluft, Manschetten und Kragen vortrefflich gebügelt mit Kartoffelstärke aus der Kombüse, dann mußte auch die Frisur sitzen. Da haperte es aber in unserem Fall erheblich an einem willigen Friseur ... (s. S. 23).

Lloyddampfer KAISER WILHELM DER GROSSE auf See

Öl auf Leinwand, 50 x 70 cm

Die TREUENFELS auf dem Rangun-River

Öl auf Leinwand, 40 x 60 cm

Der Kapitän eines Schiffes muß nicht immer, aber er kann ein recht einsamer Mann sein — mit ausgeprägten Verhaltensformen. Manch junger Schiffsoffizier, wie hier bei der Hansa-Linie, schätzt das dann daneben und reagiert entsprechend . . . (s. S. 28).

Die SIEGSTEIN heimkehrend im Englischen Kanal

Öl auf Leinwand, 40 x 65 cm

Nur noch kurze Zeit bis zum Erreichen heimatlicher Gestade. Das ganze Schiff erstrahlt im Glanz frischer Farbe. Eigentlich war die Arbeit getan, und eigentlich hätte auch er schon in bester Heimreisestimmung sein können: Die Gestalt an der Steuerbordseite bei Luke 5 ist der Bootsmann. Grantig läuft er längs Deck und sucht seine Matrosen, die sich irgendwo verkrümelt haben. Achtern sind sie nicht – und nun ist er auf dem Wege zum vorderen Kabelgatt, wo es sich die Herren vermutlich auf Tauwerksrollen, Persenningen und auf den weichen Rappeltuchballen gemütlich gemacht haben ... (s. S. 48).

Die FRIESENSTEIN auf See

Öl auf Leinwand, 35 x 50 cm

Tag und Nacht zog die FRIESENSTEIN ihre Bahn durch den Indischen Ozean auf dem Wege nach Ostasien. Und wenn dann dort im ersten Hafen die Post an Bord kam, dann meistens zur großen Freude der Seeleute. Allerdings auch nicht immer ... (s. S. 63).

Die STAHLECK in Venedig

Öl auf Leinwand, 20 x 40 cm

Nebel im Mittelmeer gibt es ja nicht allzuoft. Wenn er aber auftritt und wenn es nacht ist und der Kapitän sich allein fühlt mit einer Passagierin, dann kann es einigermaßen peinlich werden . . . (s. S. 76).

Peter Hashagen

Peter Hashagen war Matrose auf der MAGDALENE VINNEN. Trotz seiner Jugend im wahrsten Sinne des Wortes mit allen Wassern gewaschen, hatte er zum Beispiel auf verschiedenen Bremerhavener Fischdampfern unter Island gefischt, in Südamerika nach einer Schlägerei im Kallabus gesessen, als Bestmann — also als Steuermann ohne Patent, aber mit den entsprechenden Fähigkeiten — an Bord eines Küstenschiffes Norwegens Fjorde befahren, und nachdem man ihn nach einer Kollision vor Oslo, bei dem sein Schiff gesunken war, aus dem eiskalten Wasser gezogen hatte, war er nun auf einem Trampdampfer gelandet, der sich auf dem Wege nach Südamerika befand.

Bei der Schiffsleitung hatte er eine gute Nummer, und weil er jede noch so schwierige Arbeit tatkräftig und mit Überlegung anpackte, verzieh man ihm gerne seine große Schnauze, die auch vor gelegentlichen Schwächen der Offiziere nicht stillstand.

Eines Tages waren er und zwei Leichtmatrosen damit beschäftigt, den Brückenaufbau mit weißem Lack zu malen. Das war eine Angelegenheit, die damals, als es die Farbrolle noch nicht gab, besondere Aufmerksamkeit erforderte, weil sich der Lack von der ebenfalls weißen Grundfarbe nur spärlich unterschied.

Stellen, die nichts abbekommen haben, nennt der Seemann „Feiertage". — Nach solchen hielt Kapitän Murken Ausschau, als er in der mittäglichen Hitze der Karibischen See, bekleidet mit Shorts und Sandalen, die Arbeit seiner Seeleute begutachtete. Wie nicht anders zu erwarten, entdeckte er Mängel und verkündete seinen Unmut mit den Worten: „Peter! Da sind Feiertage."

Darauf antwortete Peter Hashagen in einem Ton, den man der Dienstgraddifferenz wegen durchaus mit schnoddrig bezeichnen muß: „Jo, Kaptein, dat sünd over de *gesetzlichen* Fierdooge."

Darauf zog Kapitän Murken sich zurück — nun denn doch etwas verstimmt.

Während derselben Reise war die Schlafkammer des Kapitäns mal wieder dran. Peter saß mit einem Jungmann zusammen auf dem Rand der ausgebauten Koje und bemalte die Decke sowie die Wände mit Mattglanz. Die Hitze war kaum zu ertragen, und den Seeleuten dürstete. Da die beiden aus Gründen des Anstandes vermieden, laut darüber zu reden, weil sie ihren Herrn und Gebieter lesenderweise im Wohnzimmer wußten und aus demselben Grunde nicht wagten, ihren Arbeitsplatz zu verlassen, der Durst darüber aber um so mehr zunahm, kam Peter auf eine geniale Idee. Da er den „Geheimcode" des Kapitäns kannte, drückte er dreimal auf die auch im Schlafraum vorhandene Klingel.

Nach einer Weile trat das ersehnte Ereignis in Form des Stewards ein. Angekündigt wurde er durch die knurrigen Worte des Alten: „Ick heff nix bestellt!"

„Aber Sie haben doch dreimal geklingelt, Herr Kapitän." „Ik???"
Ein Knacken der Sessellehne verriet den beiden gespannt horchenden Seeleuten, daß ihr Kapitän sich zur Untersuchung dieses Falles erhoben hatte.
Mit gleichmütiger Miene malten sie weiter — immer breit auseinander und dann mit langen Strichen auf und nieder.
„Warst du das?" Kapitän Murken stand in der Tür und peilte drohend den mutmaßlichen Sünder an. „Waaas?" fragte Peter scheinheilig auf die zu erwartende Frage seines Allgewaltigen. „Der das Bier bestellt hat", grollte Murken.
„Ach ja", antwortete Peter. „Ja, das waren wir", womit er die Schuld gleichmäßig auch mit auf den Jungmann verteilte. „Wir haben gedacht, daß Sie wohl gerne eine Flasche Bier trinken würden, und da haben wir gleich eine für Sie mitbestellt."
Murken war platt, zumal weil — wie er ihn dann murmelnd dem Steward gegenüber nannte — dieser dreimal durchs Ohr gebrannte Himmelhund in seiner Antwort einwandfrei zu verstehen gegeben hatte, daß das Bier zu Lasten des Kapitäns der MAGDALENE VINNEN gehen würde.

Einmal hatte Peter aber Pech mit seiner vorlauten Klappe. In Tampa im sonnigen Florida war er mit einigen Kameraden an Land gegangen. Nach einem ausgedehnten Stadtbummel hatte die kleine Korona Hunger bekommen und steuerte auf einen Würstchenstand zu. Schweigend musterte man die Preistafel, die eisgekühlte Getränke, hot dogs, ham and eggs und sonst allerlei lukullische Genüsse feilbot. Darunter befand sich eine Spezialität, die Peter dem Namen nach nicht kannte: die alte deutsche Frikadelle unter ihrer amerikanischen Bezeichnung „Hamburger".
Der Verkäufer, der natürlich sofort erkannt hatte, daß es sich bei seinen Kunden um ausländische Seeleute handelte, bot das an, was weg mußte bzw. bei dem er am meisten verdienen konnte und fragte in breitem amerikanischem Slang: „Hamburger?"
Darauf antwortete Peter und handelte sich damit ein schadenfreudiges Gelächter seiner Kameraden ein: „Nee, wi sünd Bremers."

Alimentenklage

Seeleute sind bekanntlich wenig zartfühlend und besonders dann nicht ausgesprochen taktvoll, wenn ein junger Mann aus gutem Hause schwärmerisch von seiner großen Liebe spricht, die ihn im heimatlichen Wilhelmshaven zu seiner ersten großen Reise an den Zug gebracht hatte.

Max war ein lang aufgeschossener blonder Schiffsjunge der MAGDALENE VINNEN. Das Schiff lag mit gefegten Laderäumen auf dem La Plata und wartete auf eine Ladung Mais für Europa.

An Bord roch es etwas nach Langeweile, weil noch ein tagelanger Liegetörn bevorstand und es mit der Landverbindung erheblich haperte.

„Tja Max — ich weiß nicht recht, ich hab' so das Gefühl — deine Uschi-Knulli — ich glaub', die kriegt 'n Kind von dir", orakelte der Zimmermann eines Tages, als man bei Tisch saß.

Der Junge protestierte heftig, aber im Nu waren alle Matrosen der Meinung, daß man schon an seinem sonderbaren Gehabe erkennen könne, daß er Vater werden würde.

„Ich habe sie noch nicht einmal geküßt!" Der Junge wehrte sich energisch. Aber gerade mit dieser Standhaftigkeit schürte er die tollsten Vermutungen.

Nachmittags, als Max damit beschäftigt war, die Kaffeetafel zu decken, hockten seine Kameraden zur weiteren Verfolgung dieses „Falles" in der Funkbude und diktierten dem Funker — weil es per Schreibmaschine sein mußte — einen Brief. Dann schlichen sie eigentümlich wortkarg wieder nach achtern und nahmen in der Messe Platz.

Verabredungsgemäß kam der Meßbüddel zehn Minuten später — als man anscheinend harmlos die sonntäglichen Panzerplatten des Kochs verdrückte — und brachte einen Brief für Herrn Max Stahnke. Der Makler wäre eben mit der Barkasse längsseits gewesen und hätte nur diesen einen Brief gebracht.

„Der muß ja wohl ganz verdammt wichtig sein", kommentierte der Zimmermann die Botschaft. „Wer ist denn der Absender?"

Max las ihn selber vor: „Jugendamt Wilhelmshaven!"

Das war nun zweifellos von öffentlichem Interesse, und der Junge mochte sich weigern, so sehr er wollte, der Brief mußte augenblicklich geöffnet und gelesen werden.

Im Betreff hieß es schwarz auf weiß: Alimentenklage!

Also doch — Max Stahnke als werdender Vater. Der Jubel war unbeschreiblich. Man versteigerte sich sogar zu der Feststellung, daß es sich, wenn sich schon ein Jugendamt damit befasse, nur um Zwillinge handeln könne.

Max mußte förmlich gegen seine Kameraden anschreien, um seine Unschuld zu beteuern. Aber das half natürlich gar nichts. Im Gegenteil. Als sich die Wogen

geglättet hatten, bemerkte der Bootsmann sachlich: „Wie willst du deine Familie eigentlich ernähren?"
„Überhaupt nicht! Das stimmt nämlich alles nicht. Das ist ein Irrtum des Jugendamtes in Wilhelmshaven", stieß Max atemlos hervor.
„Das stimmt nicht?!?!?! — Du willst doch nicht gegen einen amtlichen Bescheid gegenangehen. Da gibt es gar kein Erbarmen. Du bist dran — hundertprozentig. Und jetzt erstmal her mit 'nem Kasten Bier. Wir wollen das schließlich feiern."
„Niemals!" rief der Junge.
Aber seine Ablehnung stieß auf heftige Kritik. Erst Zwillinge in die Welt zu setzen und dann noch nicht mal einen auszugeben. Das wäre doch allerhand.
„Wenn du das wirklich nicht gewesen bist", mahnte der Bootsmann, „wie willst du das denn beweisen?"
Als Max darauf keine Antwort wußte, machte der Scheich einen Vorschlag, um „die Sache aus der Welt zu schaffen". „Wenn du einen Kasten Bier spendierst, dann können wir alle dafür bürgen, daß du es *nicht* warst."
Hier machte Max die entscheidende Dummheit, als er antwortete: „Ihr seid ja gar nicht dabei gewesen."
Wieder großer Jubel, denn jetzt hatte er es zugegeben. Und ein älterer Matrose fällte das Urteil, das Max Stahnke schließlich doch eine Kiste Bier kostete: „Ohne us kriegt se di bi de Büx, min Jung, dat kannste mi glöben. Un wat de Alimentenklägers sünd — de hebbt 'n langen Arm."

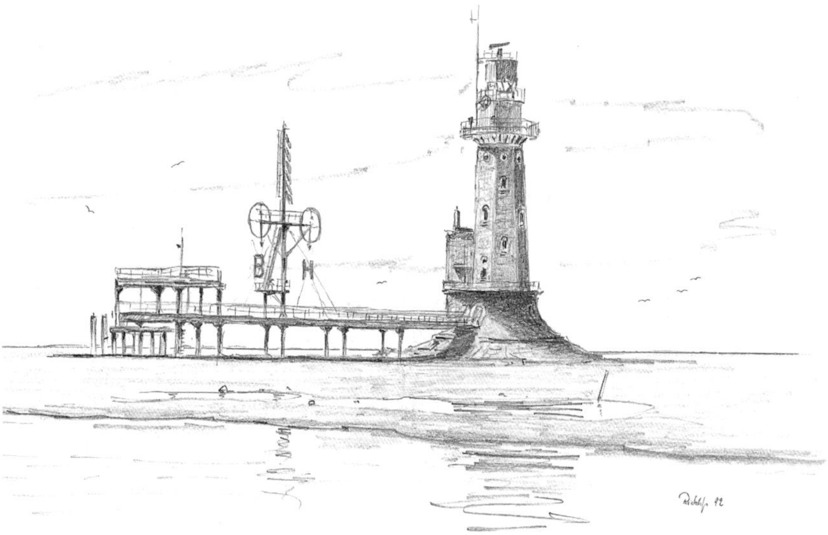

Leuchtturm Hoherweg zwischen Wangerooge und Bremerhaven

Erdkunde

An den Seefahrtschulen wird viel gelehrt. Oft zum Leidwesen der betroffenen Schüler, die die vielgepriesene „schönste" Zeit der Schule auch entsprechend genießen wollen, anstatt nachts über Hyperbelnavigation zu brüten, weil man noch keine Ahnung hat, wie und weshalb man mit der Phasendifferenz zweier Funkwellen den Schiffsort bestimmen kann, aber am nächsten Tag darüber eine Arbeit geschrieben werden soll. Anstatt auf die „Glitsch" zu gehen, büffeln die zukünftigen Schiffsoffiziere das Problem der „Entwicklung einer Zyklone auf Nordbreite" oder pauken die Berechnung der Kulminationszeit des Mondes. Das Pensum ist gewaltig, und wer glaubt, Kapitän zu werden, wenn er dreimal ahoi ruft, der besuche einen Kursus zum Seesteuermann oder den zum Kapitän auf Großer Fahrt.

Nun gibt es ein Fach, das der Steuermannsschüler für unter seiner Würde hält und besser für Mädchenschulen geeignet, als für einen Seemann, der die ganze Welt bereist hat: Erdkunde. Diesen Lehrstoff nehmen die Lehrer aber auch nicht so genau. Zum Teil allerdings aus Vorsicht. Wenn Kapitän X nämlich über Südamerika doziert, dann kann er es haben, daß einer seiner Schüler über die Verhältnisse an der Küste und auf den Flüssen viel besser orientiert ist, weil er jahrelang auf einem Charterschiff Zubringerdienst versehen hat und auch die kleinsten Nester nicht nur geographisch kennt, sondern auch deren Eigenschaften und — was allerdings nicht im Lehrplan steht — deren Halbwelt.

So wurde denn auch mehr Heimatkunde betrieben, und da war Hein Seemann wenig bewandert. Auf die Herausforderung: „Nennen Sie mir die Ostfriesischen Inseln in ihrer Reihenfolge von Ost nach West" saß eine ganze Klasse voller Weltumsegler da und — schwieg.

Von Ost nach West? — Nein. Umgekehrt, dann hätte man wenigstens die erste Insel gewußt, denn beim Borkum-Riff-Feuerschiff beginnt Deutschland, und Borkum hätte man nennen können. Es wurde hin und her gerätselt, und dabei gerieten sogar die Nordfriesischen Inseln mit in die Diskussion hinein.

Ironisch bemerkte Kapitän Rohrbach dazu, daß Hawaii weder eine Nord- noch eine Ostfriesische Insel sei, und in demselben Ton gab er seinen Schülern eine Eselsbrücke mit einem Satz, dessen Anfangsbuchstaben der einzelnen Wörter auch diejenigen der Inselnamen darstellten, nachdem er letztere richtig aufgezählt hatte: Wangeroog, Spiekeroog, Langeoog usw. und zitierte: „Welcher Seemann Liegt Bei Nanni Im Bett?" Die Klasse brüllte vor Vergnügen.

Rohrbach dämpfte diese Freude mit den Worten: „Meine Herren, ich weiß gar nicht, was Sie haben. Die beiden waren selbstverständlich verheiratet . . . und dieser Seemann hegte vermutlich nicht jene hintergründigen Gedanken wie Sie mit Ihrer unmoralischen Südamerika-Erfahrung."

Die Horcher der WERDENFELS

Selbstverständlich ist es unter der Würde eines rechtschaffenen Seemannes, an Bord herumzulungern und nichts zu tun. Das war Kapitän Rassmussens ehrliche, durch eiskalte Brecher, tropische Stürme und im Staub unangenehmer Ladungen wie Phosphat und Fischmehl geformte und gefestigte Meinung. Nichtstun war *sein* Privileg, und wehe dem Seemann, der unglücklicherweise eine Stellung an Bord bekleiden mußte, die seinen Einsatz nicht bis zum Umfallen erforderte.
Rassmussen war alter Segelschiffsmann, und er stand allem, was nicht durch Wind angetrieben wurde, skeptisch, ja abweisend gegenüber. So hatte er an Bord seines Schiffes den Funkenpuster, der ihm das erwähnte Privileg, ständig streitig machte, gehörig auf Sicht, weil dessen Arbeit früher von dem III. Offizier nebenbei mitgemacht worden war. Das war schließlich der beste Beweis, daß der Funker nicht ausgelastet sein konnte.
Mißgunst schwelte im Herzen Kapitän Rassmussens. Eine Zündschnur schmorte, und es hätte nur einer Kleinigkeit bedurft, um die Beziehungen der beiden Herren zueinander zur Explosion zu bringen.
Es sollte aber noch viel schlimmer kommen:
Der Verkehrsträger Schiffahrt ist durch sein internationales Betätigungsfeld an einheitliche Regeln gebunden. Im Jahre 1898 sind in der Konferenz von Washington durch Vertreter aller seefahrttreibenden Nationen Gesetze über Ausweichregeln, Lichterführung und Nebelsignale ausgearbeitet worden. Da diese Seestraßenordnung aber schon bald nicht mehr dem Fortschritt der Technik gewachsen war, wurde im Jahre 1929 in London von vierzig Staaten der Schiffssicherheitsvertrag unterzeichnet, dessen wichtigster Teil das „Internationale Übereinkommen zum Schutze des menschlichen Lebens auf See" ist. Solch eine Vereinbarung mußte zwangsläufig Kinderkrankheiten haben, weil die einzelnen Länder bis dahin ihre eigenen Bestimmungen hatten, die untereinander zum Teil stark differierten. So war es an Bord deutscher Schiffe bisher üblich gewesen, daß der Funker seine Wache ging und in der übrigen Zeit die Station unbesetzt blieb.
Das entsprach nun nicht mehr den Sicherheitsbestimmungen, weil die Funkrufe eines in Seenot geratenen Schiffes nicht zu jeder Zeit gehört werden konnten. Das Autoalarmgerät war noch nicht erfunden, und so sahen sich die Schiffseigner gezwungen, zwei weitere Herren für die Funkbude einzustellen, die zusammen mit dem Funker Tag und Nacht Wache gehen konnten.
Die Reeder sind von jeher praktisch denkende Leute gewesen, wozu sie allerdings von den allzeit viel zu niedrigen Frachtraten gezwungen worden sind. Zwei Mann kosteten bitteres Geld, waren nun aber bindend vorgeschrieben.

Man begegnete diesem Übel, indem man dafür Studenten anmusterte, junge Männer, die etwas von der Welt sehen wollten und nicht unbedingt auf die Höhe der Heuer achteten. Das war möglich, weil der SSV nichts über die Qualifikation dieser Leute aussagte. Dem Gesetz wurde Genüge getan, und man nannte sie Horcher.

Diese Herren waren nun Kapitän Rassmussens ganz spezielle Freunde. Wenn sie auf der Brücke hin und her stolzierten oder gar in Liegestühlen auf dem Peildeck faulenzten, konnte er sich die Frage nicht verkneifen: „Haben Sie nichts zu tun?"

Antworten wie: Die Batterie wird gerade aufgeladen, oder: Der Funker setzt momentan ein Telegramm ab, konnten ihn keineswegs befriedigen. Er bohrte weiter.

Als er eines Tages auf seine gezielte Frage von einem der Horcher ein klares Nein erhielt, wäre das eigentlich der Funke gewesen, die Explosion in Gang zu bringen, aber dem Kapitän fehlte dazu das Dynamit, jene massive Handhabe, die eine feindliche Handlung auch ehrenhaft erscheinen läßt. Rassmussen fand einfach keine Gelegenheit, „diese Kerls auf Schwung zu bringen", wie er sich knurrend seinem I. Offizier gegenüber geäußert hatte.

Dieser Zustand dauerte nun schon wochenlang. Erst als das Schiff, das sich auf der Ausreise nach Indien befand, bereits in der Arabischen See stand, kam Rassmussens große Stunde.

Es begann ganz friedlich. Das Schiff rollte sanft in der langen Dünung bei herrlichem Wetter. Spielend tummelten sich Schweinsfische vor dem Bug, und zufrieden mit der Welt ging der I. Offizier seine Wache. An der Brückennock hatte man eine lange Spiere angebracht, eine dünne Eisenstange, die weit vom Schiff wegzeigte. An ihr war eine kräftige Angelleine befestigt, weil man in dieser Gegend auf solche Weise Bonitos angeln konnte. An der Schnur hing eine kleine Klingel, um anzuzeigen, wann einer angebissen hatte.

Plötzlich ging die Klingel wie toll. Der Erste sprang von seinem Lotsenbock herunter und versuchte, die Angel einzuholen, aber bei zehn Meilen Fahrt war das nicht einfach.

Hastig pfiff er auf seiner Trillerpfeife nach dem Matrosen der Wache, der irgendwo an Deck beschäftigt war. Außerdem brüllte er nach dem Bootsmann, den er gerade vorne auf der Back sah: „Schicken Sie mal schnell einen Mann. Ein Fisch ist an der Angel!"

Ob der interessanten Unterbrechung des ruhigen Seetörns waren gleich vier Matrosen auf der Brücke erschienen. Durch das Geschrei und das eilige Getrappel über sich im Ruderhaus aufmerksam geworden, fand sich Rassmussen ebenfalls ein. Jagdfieber hatte sie alle gepackt. Es mußte ein enorm großer Fisch sein, denn man konnte ihn nicht bergen. Weit hinten im Kielwasser kämpfte er verbissen um sein Leben.

Als in der Aufregung der Fang nicht zu bändigen war, ging Rassmussen an das Sprachrohr und rief zur Maschine hinunter: „Wir müssen mal eben stoppen, ein Bonito hat angebissen!“ und legte gleich darauf den Hebel des Telegrafen auf Stopp. Unten wurde der Dampf gedrosselt, und im Schornstein begann augenblicklich das Sicherheitsventil zu blasen. Langsam kam die Fahrt aus dem Schiff, und die Angel wurde eingeholt. Als das Tier dann aus dem Wasser gezogen wurde, war es ein — Zinkeimer.

Schweigen und große Enttäuschung. Harmlos frohlockte dagegen ein Jungmann: „Mitten auf See eine Pütz an der Angel — das nenne ich Jagdglück!“

Rassmussen stellte aber die Frage, und seine eiskalten Haifischaugen waren schmale Schlitze geworden, seine Lippen blutleere Striche: „Wo sind die Horcher?“

Die Abwesenheit der beiden Bösewichter war die Bestätigung für Rassmussens Annahme, daß die beiden den Eimer heimlich an die Angel gesteckt hatten. Würdevoll ging er unter Deck, nicht ohne seinen I. Offizier aufgefordert zu haben, die Sünder zu suchen und sie nach Ablauf einer halben Stunde in seine Kammer zu schicken.

Das Gebrüll, das dann aus Rassmussens Behausung zu hören war, hätte einem ausgewachsenen und überaus wütenden See-Elefanten alle Ehre gemacht.

Die Liegestühle standen seither leer, auch stolzierte nur noch der wachhabende Offizier auf der Brücke hin und her, und die Funker taten so, als hätten sie etwas zu tun.

Klönschnack auf der Brücke

Alles, was sich auf der Brücke eines Schiffes erzählt wird, hört der Rudergänger natürlich mit, und auch nicht der dicknäsigste Kapitän kann einfach dem Mann am Ruder befehlen wegzuhören, wenn sich die Herren der Schiffsleitung unterhalten. Im allgemeinen ist der Ton während der Seewachen aber ein recht kameradschaftlicher — oder sollte es wenigstens sein. Jedenfalls war es so, wenn der III. Offizier Leidenfrost navigierte, obwohl man sagen muß, daß sein Auftreten recht unpersönlich wirkte — genau wie sein Name. Aber weder an seinem Namen konnte er etwas ändern, noch an seiner Art. Immerhin versuchte er, das Beste davon zu machen. Aber — nomen est omen — die Atmosphäre blieb immer etwas frostig, schon weil er zum Beispiel auch den kleinsten Schiffsjungen mit Sie anredete.

Eines Tages hatte nun die SIEGSTEIN nach langer Reise wieder einen deutschen Seelotsen genommen, der draußen beim Weser-Feuerschiff an Bord gekommen war. Es wurde über Gott und die Welt geklönt. Leidenfrost war wie alle Männer der Besatzung in bester Stimmung, weil man nämlich schon die Weserufer erkennen konnte, und das ist nach einem monatelangen Südamerika-Trip der schönste Anblick, den ein Seemann sich vorstellen kann. Aufgeräumt erzählte er dem Lotsen folgende Geschichte, die sich angeblich wirklich zugetragen haben soll: Im Konzert sitzen ein Professor und ein Bauer nebeneinander und lauschen der Musik. Der Bauer in seiner derben Art klopft dazu den Takt mit den Füßen. Den Professor irritiert dieses Gehabe, und um seinem Nebenmann das in möglichst schonender Form klarzumachen, fragt er ihn: „Sind Sie musikalisch?"
„Nee!" antwortet der Bauer, ohne sein Getrampel zu unterbrechen, „ik bün Buur Harms ut Bardenfleth."
Kaum gesagt, fiel Leidenfrost ein, daß der Matrose, der am Ruder stand — ein biederer älterer Mann —, aus Bardenfleth stammt, und um diesem eigenwilligen Zufall Rechnung zu tragen und vor allem, um dem Mann das Wort zu gönnen, richtet sich der Dritte an ihn und fragt jovial: „Sind Sie auch musikalisch?"
„Nee!" antwortet der Matrose, „ik bin ut *Rechten*fleth."

Das Fahrtgebiet

Peter Rohde war „Seesteuermann auf Großer Fahrt". Es machte ihm aber nichts aus, mit diesem großen Patent auf kleinen Schiffen zu fahren. Im Gegenteil. Er war frisch verlobt, und eine schnelle Rückkehr in den Heimathafen war ihm wichtiger als die weite Welt. Sein heiteres Gemüt und sein ausgeglichenes Wesen, das er von seiner Mutter geerbt hatte, ertrugen neidlos die gelegentlichen Sticheleien seines Bruders, wenn sie zusammen in Bremen an Schuppen III oder XVII lagen und Uwe wohlwollend herablassend durchblicken ließ, daß er seinem um ein Jahr jüngeren Bruder von der Brücke eines Ostasien-Liners mit Leichtigkeit in den Schornstein spucken könne.
Nun führten die kleinen Schiffe der Argo, die die englischen Häfen wie London und Hull bedienten, weil sie fahrplanmäßig fuhren und es zeitmäßig auch so hinkam, den herabwürdigenden Namen Wochenboote. Alles konnte Peter vertragen, aber nicht den Gebrauch dieser Bezeichnung. Seine ganze Berufsehre bäumte sich dagegen auf. Immerhin waren diese Schiffe modern und wohnlich, und es gab keinen Grund, verächtlich darüber zu reden. Ob nun aus Takt- oder

Gedankenlosigkeit, jedenfalls hatte Uwe eines Tages von Wochenbooten gesprochen und seinen Bruder tief getroffen.
Natürlich schrieb Mutter Rohde ihren beiden Jungs und auch ihrem Mann, der bei der Rickmers-Linie fuhr, und so wußte jeder, wo sich die Familienmitglieder aufhielten.
Die Männer untereinander schrieben sich gar nicht, das heißt bis zu dem Zeitpunkt nicht, wo Peter die Nachricht erreichte, daß Uwe auf den Bäderdampfer GLÜCKAUF versetzt worden war.
Aus gewissen rechtlichen Gründen, aus denen zum Beispiel trotz der vielen Passagiere, die täglich nach Helgoland gefahren wurden, kein Arzt an Bord war, keine Unzahl von Rettungsbooten mitgeführt zu werden brauchte und keine FT-Anlage vorhanden war, trat Uwes neues Betätigungsfeld in eine Sonderstellung, die den Gegebenheiten des Bäderdienstes angepaßt war. Böse Zungen sprachen — weil es sich dabei ja nun keineswegs um Große Fahrt, noch um Mittlere und auch noch nicht einmal um die in ihrem Begriff fest umrissene Küstenfahrt handelte — geringschätzig, aber auch etwas aus Neid, weil die Bäderfahrt nämlich gewisse Vorteile bietet, einfach von der „Großen Wattfahrt".
Frohlockend benutzte Peter Uwes Versetzung dazu, seinem Bruder zu schreiben. Bedächtig wog er jeden Satz nach seiner Treffsicherheit ab. Der Brief schloß mit den Worten: . . . und beachte, daß man auf Grund ihres bergmännischen Namens glauben könnte, die GLÜCKAUF sei ein mieser Kohlendampfer, wo es sich doch um ein schnelles und schneeweißes Passagierschiff handelt, das nicht nur in der Kleinen, sondern sogar in der *Großen* Wattfahrt eingesetzt ist.
Um der Lanze die Spitze zu nehmen, gleichzeitig aber noch einmal damit nachzubohren, beendete er seine Zeilen mit der Aufmunterung: Hoffentlich freut sich Deine Frau, daß Du jetzt täglich zu Hause bist und nicht wie ich nur jede Woche.

Bäderdampfer GLÜCKAUF vor Helgoland

Hafenmeister Brodersen

Was es nicht alles gibt! – RID, ADR, EVO, SFO ... und wenn man es genau betrachtet, bedeuten diese Abkürzungen alle das gleiche. – Neben vielen anderen wie ADN, INPRO, RAR usw. usw.

Nehmen wir das Beispiel SFO. Es ist die Abkürzung für die alte deutsche SeeFrachtOrdnung. Diese Bezeichnung ist in Gebrauch geblieben, da die heute gültige kein Mensch aussprechen kann, weil er nicht so viel Zeit hat. Der richtige Name lautet: Vorschriften über die von der Beförderung mit Seeschiffen ausgeschlossenen oder bedingungsweise zur Beförderung zugelassenen Stoffe und Gegenstände.

Die eingangs erwähnten Buchstabengruppen haben alle eine ähnliche Geschichte. Sie sind die Bremsklötze im Eisenbahn- und Lkw-Verkehr. Für die Schiffahrt hat man zusätzlich zu dieser SFO den internationalen IMCO-Code erfunden. Er umfaßt neun Bände und mag so manchen Bedrängten in die frühzeitige Pension getrieben haben.

Die Nahtstelle zwischen Land- und Seetransport ist der Hafen, und da man gerade in den alten Hansestädten auf Tradition sieht, hatten es diese neumodischen Gesetze und Verordnungen schwer, Anklang zu finden. – Besonders bei Hafenmeister Fritz Brodersen. Richtig genommen besaß er sogar eine ausgesprochene Abneigung gegen diese „Paragraphenreiterei". Ganz schlimm wurde es, wenn er am Telefon Fragen beantworten sollte, über deren absolute Unwichtigkeit es für ihn gar keinen Zweifel gab. Als alten Fahrensmann konnte ihn so leicht nichts erschüttern, aber diese Kleinigkeitskrämerei, wie er die Bemühungen maßgeblicher Leute um die Koordinierung im Transportwesen gefährlicher Güter nannte, hatte ihn schon des öfteren veranlaßt, reell ruppig zu werden. – Besonders „Typsen" gegenüber, weil er das Vorhandensein von Frauen im Berufsleben ohnehin schon nicht so recht tolerieren wollte. „Weiber an Bord sind ja schon schrecklich genug", hatte er gesagt, „aber in den Büros sind sie eine Landplage."

In Wirklichkeit war Fritze etwas am Schwimmen. Aber er konnte schließlich nicht einfach das Telefon liegenlassen, wenn es klingelte. Das Hafenamt war Aufsichtsbehörde über den Umschlag gefährlicher Güter, und man lebte in Deutschland.

Eines Tages wurde es Brodersen, der sich mit seiner gutartigen Stänkerei lediglich eine Art Überdruckventil geschaffen hatte, denn aber doch zu bunt. Es ging um Gase:

„Warum sind die denn überhaupt gefährlich?" wollte eine Jungfrau der Firma Carl Reuter & Co., Überseespedition, von ihm wissen.

„Weil sie komprimiert sind", brummte Brodersen.

„Das ist unser Gas aber gar nicht." „Soooo?"
„Das ist gelöst. Es soll ein sogenanntes Dissous-Gas sein."
„Dann ist es ein unter Druck gelöstes Gas. Und das ist genau dasselbe. Komprimieren heißt nämlich drücken", grollte Brodersen und fügte — seiner Meinung nach *abschließend* — hinzu: „Klasse Id 15 der Seefrachtordnung" und wollte auflegen.
Aber die Dame bohrte weiter, weil man sich bisher lediglich mit dem Handelsnamen des fraglichen Stoffes beschäftigt hatte: „Wie heißt das Gas denn eigentlich — ich meine mit seiner *technischen* Bezeichnung?"
„Azetylen!" zischte Brodersen.
„Und wozu wird es benötigt? — Wenn es so gefährlich ist, wie Sie zu verstehen geben, ist es dann überhaupt zum Seetransport zugelassen?"
„Ich habe überhaupt nichts zu verstehen gegeben!" ballerte Brodersen. Er war jetzt aber wirklich zornig.
„Na schön", flötete die Kleine unverdrossen weiter, „aber was bedeutet ‚unter Druck gelöstes' Gas?" und fügte patzig hinzu, weil sie auch schon merkte, daß Brodersens Geduld zu Ende war: „Bei Falschdeklarationen kommen wir in Deubels Küche. Irgendwo muß man sich ja nun schließlich erkundigen können. Und wenn nicht bei Ihnen, wo denn . . .? *Ich* weiß nicht mehr weiter. Es muß doch jemand da sein, an den man sich halten kann . . .!"
„Ist es ja auch!" triumphierte Brodersen plötzlich, während er verdächtig eifrig in einem Telefonbuch blätterte. „Dann rufen Sie doch die folgende Nummer an. — Damit Sie nicht in Deubels Küche kommen. — Haben Sie einen Bleistift zur Hand?" „Ich notiere!" erklang es spitz.
Brodersen hat nie wieder etwas von der Dame gehört. Die Nummer, die er ihr gegeben hat, war nämlich die der — Telefonseelsorge.

Brodersen hatte aber noch mit weit mehr Schwierigkeiten zu kämpfen als nur mit „opstinatschen Bürobienen". Eines Tages war er dabei sogar in eine heftige Interessenkollision geraten. Es begann damit, daß ihn sein ehemaliger Klassenkamerad August Wöltjen im Amt besuchte. Wöltjen war seit Jahren in Stuttgart ansässig und wollte nun mal wieder Hafenluft schnuppern.
Unter sachkundiger Leitung wurde er zunächst in eine Anbiethalle geschleust, wo man das Unternehmen mit einem kurzen Willkommenstrunk startete. Natürlich blieb es in Maßen, aber wie es mit Alkohol schon bei kleinen Mengen der Fall ist, er trübt oft den Sinn für das Naheliegende. Mit anderen Worten — er macht leichtsinnig.
So schlenderten die beiden in bester Laune an der Pier entlang, und August, der ganz besonders davon angetan war, daß sein ehemaliger Schulfreund „man eben so" während der Dienstzeit einen Spaziergang machen könne, brachte das entsprechend zum Ausdruck. Darauf erwiderte Brodersen: „Du hascha gar keine

Ahnung. Als Hafenmeister habe ich hoheitsrechtliche Aufgaben wahrzunehmen. Oder hast du eben eigentlich gemerkt, was an der Signalrah der CAP PALMAS für 'ne Flagge hing????"
„Nee!"
„Ne rote! — Das ist nämlich, weil da gefährliche Ladung an Bord ist. Und das ist Vorschrift. Und da muß ich auf achten!"
„Szo — und was machst du, wenn da nu keine rote Flagge weht?"
„Denn jag' ich die Wasserschutz da achteran."
„Und woher weißt du denn, *daß* da überhaupt so'n Krams an Bord ist?"
„Das hab' ich im Gefühl", antwortete Brodersen überlegen.
August Wöltjen schluckte diese hoheitsrechtliche Regung. Ihm war so etwas unbekannt, weil er als Mahnbuchhalter im Dienst keine Gefühle haben durfte.
„Oder meinst du vielleicht", fuhr der Hafenmeister fort, „daß ich dem Wachmann von der LELYKERK umsonst 'n Zeichen gegeben hab'? — Das bedeutet nämlich, daß der seine Gangway sichern soll. Die hing da ja rum wie 'ne Hühnerleiter.
Überhaupt die Sicherheit im Hafen! — Wenn wir da gleich an'e STUTTGART an vorbeikommen, denn achte mal darauf, wie die Schauerleute alle, wenn sie uns in Sicht kriegen, ihre Zigaretten ausmachen. Rauchen im Hafen ist nämlich strengstens verboten. Besonders bei Baumwolle!"
„Wir qualmen doch aber auch", gab August Wöltjen zu bedenken.
Verdattert starrte Brodersen auf die Brasil in seiner Rechten, die er in seiner guten Laune, in seiner durch Köm und Bier getrübten, sonst so klaren Einschätzung für das Naheliegende, die er leichtsinnigerweise und gegen die Hafenordnung verstoßend beim Verlassen der Kantine — vergessen hatte.
Selbstverständlich fühlte er sich schuldig, jedoch zu spät. Der Stauer Rolli Blattermann hatte die beiden schon kommen sehen und innegehalten, geschäftig mit der Sackkarre Baumwolle zu transportieren, die aus den Luken der STUTTGART kam. Als er nun merkte, daß Brodersen und sein Begleiter ihre Zigarren ins Hafenwasser werfen wollten, rief er ironisch: „Schmöken Se man ruhig, Herr Hobenmeister! Wi fohrt de Boomwull all weg!"
Brodersen war daraufhin derart verstimmt, daß Wöltjen sich veranlaßt fühlte, dazu Stellung zu nehmen. „Aber Fritz!" sagte er. „Das braucht dich ja nu noch nicht gleich umzuhauen. Recht hat der Mann ja nu wohl schließlich, und da kannst du ihm denn ja auch nicht in verdenken."
Brodersen knurrte etwas Unverständliches, denn es gab da einen viel tieferen Grund für seinen Ärger. Und der war seinem Freund nicht bekannt:
In seinen ersten Jahren als Hafenmeister hatte Brodersen nämlich schon mal einen Clinch gehabt mit diesem Blattermann. Die Antipathie gegen Paragraphenreiterei und Kleinigkeitskrämerei, die wir schon erwähnt haben, war schließlich und aufgrund solcher „Erfahrungen" erst mit der Zeit gekommen. Brodersen

war nämlich einst ein überaus korrekter Mann gewesen; es hatte sich aber Stück um Stück gefügt, daß er aus dem sogenannten Lebenskampf, der im Hafen meistens herzlich, aber ziemlich rauh geführt wird, als geläuterter Mann hervorgegangen war.
Blattermann war damals als Lukenviz an Bord der NELLY HALTERMANN damit beschäftigt gewesen, dem Kranführer sachkundige Tips zu geben, wo er seine „Gänge" absetzen konnte. Das Schiff lag wegen der herrschenden Ebbe ganz unten an der Pier, auf der oben Fritz Brodersen entlanggging. Blattermann hatte den Hafenmeister — den Vertreter der Aufsichtsbehörde über alles, was es in einem Hafen zu beaufsichtigen gibt — noch nicht entdeckt und schmauchte behaglich seine Pfeife, als er sich plötzlich angeschrien fühlte: „Sie!!! — Sie rauchen ja!"
„Nee!" war die kurze, aber einer weit sichtbaren Rauchentwicklung wegen unglaubwürdige Antwort.
Brodersen — als ein Mann der Tat — lief zur Gangway, die von der Pier steil zur Vermessungsluke des Schiffes hinunterführte, und eilte auf den Sünder zu.
Blattermann aber — ebenfalls ein Mann der Tat — tauschte in dem Moment, in dem Brodersen seine volle Aufmerksamkeit auf die steile Gangway richten mußte, seine zwei Pfeifen aus und stopfte sich die kalte zwischen die Zähne.
„Wissen Sie, daß Rauchen im Hafen verboten ist?" begann Brodersen sein Verhör.
„Dat weet ik!"
„Und warum rauchen Sie denn?" „Ich rauch' ja gar nich."
„Das hab' ich doch gesehen."
„Da haben Sie sich wohl verguckt. — Hier!" Und damit hielt Rolli dem Hafenmeister seinen kalten und leeren Brösel unter die Augen.
Aber Brodersen war auch nicht von gestern. Prompt folgerte er: „Dann haben Sie noch eine zweite Pfeife."
„Oooch nee?!" äußerte sich Blattermann zu dieser etwas unerwarteten Wendung des Verhörs und bezog eine defensive Stellung, indem er beide Hände in die Taschen stopfte. „Wollen Sie mir etwa leibesvisitieren?!"
Brodersen hatte damals die Aussichtslosigkeit weiterer Maßnahmen erkannt und die Feststellung getroffen: „Eines Tages werde ich Sie erwischen!"
Und das war nun so *ganz* anders gekommen . . .

Die friedliche Zusammenarbeit mit den Menschen im Hafen wurde eigentlich nur durch die strengen Gesetze über den Umgang mit gefährlichen Gütern gestört. Überall hatte Brodersen das Sagen. Zum Beispiel mußten die anderen „kleine Brötchen backen", wenn sie etwas verbockt hatten. Die dauernd zu knappen Liegeplätze verteilte der Hafenmeister mit eiserner Faust, aber angemessener Gerechtigkeit, und die Makler mußten dankbar sein, wenn sie gut bedient wurden. Über Ölverschmutzungen des Hafenwassers, die ein ganz gehöriges Übel darstellen, einigte man sich zwar für die Agenten der betreffenden Schiffe gebührenpflichtig, aber doch in einer Weise, die lange nicht an die rigorosen Methoden heranreichte, die z. B. amerikanische Hafenbehörden anwandten. Auch bei der Bereitstellung von Bootshilfen zum Festmachen der Seeschiffe ging es großzügig und damit reibungslos zu.

Aber gefährliche Güter! Jeder wollte da mitmischen, um Lorbeeren zu ernten. Das Gewerbeaufsichtsamt und die Arbeitsschutzbehörde genauso wie ein halbes Dutzend Berufsgenossenschaften.

Das Schlimmste war dabei für Brodersen der Umstand, daß er immer mehr an seinen Schreibtisch gebunden wurde, weil die Schiffspapiere für „Feuergut" vor der Verladung nach alter deutscher Sitte einen Stempel bekommen mußten. Aus diesem Grunde hatte er auf eine ganz bestimmte Sorte im Hafen einen besonderen Piek: auf die Spediteur-Expedienten, die ihm oft stapelweise diese Anträge vorlegten.

Aber auch mit Lkw-Fahrern und Lehrlingen verschiedener anderer Branchen mußte Brodersen sich herumschlagen. — Eine wahrhaft undankbare Aufgabe. Oftmals trugen die Scheine die tollsten Eintragungen, weil die Unkenntnis der Materie weiter verbreitet war als gründliche Sachkenntnis. Und das gab jedesmal Anlaß zu trivialen Streitereien, weil Brodersen nicht stempeln und der Kunde nicht so wieder gehen wollte, weil er die Ware ohne Stempel ja nicht verladen konnte.

Über diesen Zustand hatte der Hafenmeister, als die beiden nach der Hafenbesichtigung wieder im Büro angelangt waren, bittere Klage geführt, und August Wöltjen hatte damit sozusagen als Schlußpunkt einen gehörigen Eindruck von den hoheitsrechtlichen Aufgaben bekommen.

„Diese Kerls, die laufen ihr Leben lang mit solchen gelben Zetteln im Hafen rum, aber meinst du, die wissen, was da drauf steht? Die legen mir ihren Krams vor, und ich muß zusehen, wie ich damit klarkomme!" Als Brodersen so recht gallig und mit gewaltiger Übertreibung sein Schicksal schilderte, da betrat ein Jüngling den Raum, der einer Kaste angehörte, die sich als „Treuhänder des Kaufmannes" in der Hauptsache mit der Bemusterung und der Güte- und Qualitätsprüfung der Im- und Exportgüter befaßt.

Mit einer eleganten Handbewegung warf dieser Knabe nun einen Bunsch Kaizettel auf den Schreibtisch des Hafenmeisters, dessen Reaktion die denkbar unfreundlichste war.

„Wo sind denn die Ziffern der einzelnen Güterklassen? Daß das Gut brennbar ist, steht hier auch nirgends, und wo sind die Flammpunkte? — Menschenskinners!" fauchte Brodersen. „Das ist doch alles halber Kram! Kannst du denn nich mal 'n büschen mitdenken?!"

„Nee!" antwortete der hoffnungsvolle Sproß jener ehrbaren Zunft. „Das brauch' ich nicht! Ich bin Küper!"

Aus gegebener Veranlassung

Das letzte Wort eines sterbenden Kapitäns: Rundschreiben! Fast alle beginnen sie mit der unfreundlichen Einleitung: Aus gegebener Veranlassung weisen wir nochmals darauf hin ...

Meistens ist irgendwo nicht genügend gespart worden — am Proviant und an der Ausrüstung, oder die Radar-Reparaturen waren zu hoch. Jedenfalls sieht der Seemann diese Mitteilungen gar nicht gern, und es soll Kapitäne geben, die sie ungelesen mit den Worten ablegen: „Was die wohl wieder zu quaken haben!?"

Für den Laien ist die Seefahrt oft ein Buch mit sieben Siegeln. Man weiß lediglich, daß die Fahrensleute priemen, tätowiert sind und meistens betrunken.

„Es ist alles so ganz anders!" Mit diesen Worten trug Fräulein Rosa Obermair aus der Gegend um München diesem Umstand Rechnung, der gar keiner war. Die Seeleute waren recht normale Mitteleuropäer, hatte sich herausgestellt, und nachdem sie bemerkt hatte, daß man sich als Passagierin an Bord eines Mittelmeerfrachters recht wohlfühlen kann, fand sie alles „wahnsinnig interessant". Ihres Zeichens Oberstudienrätin und als Pädagogin einer Höheren Töchterschule mit deutscher Gründlichkeit an der Aufklärung verborgener Dinge interessiert, glaubte sie, den Kern der Christlichen Seefahrt bereits erfaßt zu haben und rechnete sich aus, auf welche Weise sie ihren Unterricht mit neu gewonnenen Weisheiten bereichern könnte.

Daß es bei der Seefahrt aber doch noch gewisse Geheimnisse gibt, erfuhr sie aus der Rundschreibenmappe, die sie im Kartenraum zwischen den Leuchtfeuerverzeichnissen und Segelhandbüchern gefunden hatte. Dort entdeckte sie nämlich einen Punkt unter dem Betreff „Freie Tage", den sie überhaupt nicht begriff. Etwas unterschied die Seeleute nun wohl doch von normalen Sterblichen. Sie arbeiteten Tag und Nacht, und aus wiederholten Schreiben der Reederei war zu entnehmen, daß man den Seeleuten freie Tage regelrecht aufdrängen mußte. Das Bild des Tätowierten schlug um in das eines überaus pflichtbewußten und korrekten Zeitgenossen.

In geradezu bösartiger Form hieß es zum Beispiel in einem Rundschreiben aus dem Jahre 1959: „Auch bei den Herren Kapitänen ist ein strengerer Maßstab anzulegen. Gelegentliche Besuche der Agenten geben noch keine Veranlassung, nicht zumindest von einem halben freien Tag Gebrauch zu machen."

Bezugnehmend darauf schrieb die Reederei ein halbes Jahr später: „Bedauerlicherweise haben wir festgestellt, daß unsere Anordnung noch nicht von allen Schiffs- und Maschinenleitungen so befolgt wird, wie wir es erwarten."

„Ja mei, des begreif i net", stöhnte die Obermairin. „Da haben'S die ganze Welt vor sich, bekommen reelle freie Tage, um sie sich anzuschauen, und tun's net.

Den ganzen Tag könnten Sie zum Beispiel in Istanbul herumlaufen oder auf der Akropolis oder wer weiß wo überall. Dös begreif i nimmer!"

„Tja, mein Deern", erwiderte Kapitän Harms in jenem gemütlichen Ton, den alte Seebären an sich haben, weil nichts sie mehr erschüttern kann, „das hat ja nun überall so seine Haken und Ösen. Diese freien Tage sind nämlich nicht ein Geschenk des Himmels, sondern der Ausgleich für Sonntage, die wir auf See verbracht haben — beschäftigt für die Reederei und weit ab von unseren Lieben daheim. Wenn sich diese Tage aufsummen und wir sie im Heimathafen nehmen, muß die Reederei einen Ersatzmann stellen. Und da unsere Herren in Bremen die Unkosten, die dadurch zusätzlich entstehen, scheuen wie die Pest, daher besitzen diese Rundschreiben einen so bösartigen Charakter.

Aber weil wir Seeleute alle gern mal zu Hause sind bei Muttern und weil diese Schreiben von Stubenhockern ausgeheckt worden sind, quälen wir uns nicht darum. Mit genau so konstanter Bosheit nämlich, wie uns die Reederei diese ewigen Rundschreiben schickt, genau so stur ignorieren wir sie. Mit Recht, aus Überzeugung und . . . aus gegebener Veranlassung."

Eine Leidensgeschichte

Auf dem deutschen Dampfer WESERSTEIN herrschte ein gespanntes Verhältnis zwischen dem II. Offizier und den Matrosen. Besonders handelte es sich dabei um die beiden Seeleute, die sich auf See während seiner Wache am Ruder ablösten. Reisenlang waren sie es gewohnt gewesen, zum Beispiel nachts ausgiebige „smoketimes" in der Kombüse zu machen, anstatt bei eisiger Kälte auf der Brückennock Ausguck zu gehen. Bei regnerischem Wetter fuhr man Geschlossene Gesellschaft, d.h. beide Ruderhaustüren wurden verriegelt, und man unterstützte die Navigation des Wachhabenden hinter der zweiten rotierenden Klarsichtscheibe bei einer guten Tasse Kaffee.

In Bremen war nun aber Herr von Behren neu an Bord gekommen, und diese Gemütlichkeit hatte ein jähes Ende gefunden.

Da es während einer Seewache eigentlich wenig an der Dienstauffassung der Matrosen auszusetzen gibt, konzentrierte sich von Behrens Aufmerksamkeit besonders auf das Einhalten des Kurses durch den Rudergänger. Seine kritischen Blicke auf den Kompaß und die anschließenden abfälligen Bemerkungen über die Schlangenlinie des Kielwassers trugen ebenso wenig zur Besserung des Betriebsklimas bei wie der Umstand, daß auch in seinen Augen die Matrosen bei

der Ruderablösung den Kurs untereinander und ihm gegenüber nicht exakt genug übergaben. An einen gemütlichen Klönschnack war nicht zu denken.
In dieser Atmosphäre stand eines Tages der Emder Matrose Hein Sieling am Ruder. Der Zweite saß gerade mal friedlich auf dem Lotsenbock und sah aus einem der Fenster. Es war Sonntag. Nur das hohe Singen der Turbinen begleitete die frühmorgendliche Stille auf der Brücke.
Plötzlich ließ Hein Sieling knatternd einem natürlichen Bedürfnis freien Lauf. Entsetzt drehte sich der Zweite um und fragte schockiert: „Leiden Sie unter Blähungen?"
„Leiden?" echote Sieling grimmig und peilte seinen Widersacher grantig an. „Das ist ja wohl das einzige Vergnügen, was man noch hat — auf diesem Dampfer!"

Ratten an Bord

Die Unbeliebtheit der Ratten hat schon in uralter Zeit dazu geführt, ihnen den Zutritt zu Schiffen zu verwehren. Das war natürlich nicht einfach, weil diese Biester meistens nachts und auf alle erdenkliche Weise an Bord kamen.
Der schwierigste Weg für sie war der über die Festmacheleinen. Diese Methode war dann auch die einzige, die man sicher vereiteln konnte — und zwar mit Rattenblechen. Diese wurden wie Kragen um die Leinen gelegt, und den Ratten war jener Weg versperrt.
Da jene Nager nun aber ohnehin den Weg des geringsten Widerstandes nehmen, wurde das Ausbringen dieser Rattenbleche von Anfang an luschig gehandhabt. Sie kamen mit der Zeit sogar ganz wieder aus der Mode, und in den Kabelgatts der Schiffe begannen sie allmählich zu rosten.
Dann aber — mit dem Ende des Zweiten Weltkrieges — kamen in Deutschland Leute an die Macht, die es den Ratten offenbar energisch zeigen wollten: die Militärregierung. Sie verlangte strikt die Anbringung dieser Bleche, um einer Übertragung der Pest durch die Ratten vorzubeugen.
In einem Schreiben vom 16. Juli 1947 hieß es darüber hinaus wörtlich: Es sollte keinem Schiff erlaubt werden zu ankern oder eine Laufstegverbindung aufrechtzuerhalten, bis richtige Rattenwachen aufgestellt worden seien. Um eine Panik zu verhindern — hieß es weiter — wird empfohlen, diese Mitteilung nur unter dem in Frage kommenden Personenkreis zu verbreiten.
Eine Panik hat es natürlich nicht gegeben — weder unter den Ratten noch unter

IMMANUEL — eines jener Küstenschiffe, die es nach dem Zweiten Weltkrieg noch zu Hunderten gab

Öl auf Hartfaser, ca. 20 x 30 cm

Die Behauptung, auf diesen Schiffen Rattenbleche anzubringen sei unnötig, weil es dort an Bord ohnehin nichts zu fressen gab, ist widerlegbar und auch die These, daß auf jenen Fahrzeugen laut Speiserolle Klüten gereicht wurden, in Wasser angerührte Mehlkugeln, mit Essig verfeinert, um es dem Seemann zu ermöglichen, nicht nur zu überleben, sondern auch noch dabei zu arbeiten. Auf jeden Fall aber hatten sich diese Schiffe einen Namen verdient, der direkten Bezug zu der sparsamen Verpflegung hatte. Man nannte sie schlicht und einfach — Klütenewer.

den Menschen —, aber die Gemüter erhitzten sich, zumal die Wasserschutz-Polizei regelmäßig gebührenpflichtig verwarnte und mit Strafverfügungen drohte.
Besonders die Küstenschiffe wurden von diesen Maßnahmen betroffen. Dort weigerte man sich partout, Rattenbleche anzubringen — nicht zuletzt mit Unterstützung des Verbandes Deutscher Küstenschiffer, dessen entsprechende Klageschrift „zuständigkeitshalber" an die Behörde für das Gesundheitswesen weitergeleitet wurde.
Da man dort aber die Usancen der Seefahrt offenbar nur aus Schauerromanen kannte, beharrte man auf den erwähnten Forderungen.
Von dieser starren Haltung unterrichtete der Verband seine Mitglieder, und es kam zu erregten Diskussionen unter den Kapitänen, wenn sie mit ihren Schiffen in den Häfen Dänemarks oder Hollands zusammenlagen. Viele waren in der heimatlichen Hansestadt bereits mit Bußgeld belegt worden, und der Zorn gegen jene war berechtigt, die von „Laufstegverbindungen" sprachen. Das waren ja nun wohl schließlich Gangways und nichts anderes. Die Herren forderten die „Aufstellung" von Rattenwachen. Das war doch geradezu lächerlich. Und im Hafen ankern tat man schließlich auch nicht.
„Nee!" sagte Käpt'n Wilhelm Otten eines Tages zu seinem Bestmann, als er obendrein noch neben einer abermaligen Buße ein Merkblatt über die Rattenbekämpfung erhalten hatte, „das einzige, wie du diese Kerls mal richtig auf'n Pott setzen kannst?! — Du mußt sie mit ihren eigenen Waffen schlagen."
Und also geschah es. Und also verschwanden allmählich die Rattenbleche — zuerst aus dem täglichen Gebrauch und dann auch aus den Hafenordnungen. Otten schrieb einen Brief unter Bezugnahme auf das Rattenbekämpfungsmerkblatt und stellte fest:
Ich habe Ihr wertes Schreiben im Laderaum aufgehängt — den Ratten zur Kenntnisnahme. Der Inhalt dieser Lektüre war im wahrsten Sinne des Wortes umwerfend und dürfte seinen Zweck zur allseitigen Zufriedenheit erfüllt haben. Ihre mehr oder weniger freundlichen Bemühungen sind damit für alle Zeiten gegenstandslos geworden . . . Die Ratten haben sich nämlich — totgelacht.

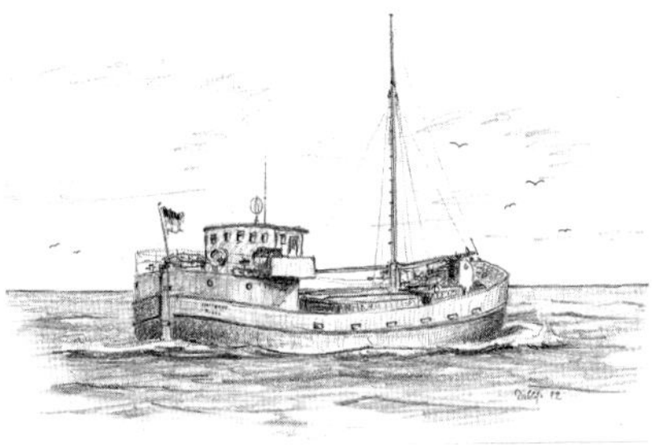

Sprachschwierigkeiten

Kapitän Lehmkuhl stammte aus Woltmershausen, und seine Gattin kam von „buten rin"; ihre Wiege stand in Moordeich. Wenn sie sich unterhielten, dann offenbarte sich dem Kundigen echter Bremer Dialekt.

Die beiden saßen in einem der seriösen Restaurants des Coolsingels, jener vornehmen Fußgängerstraße im Herzen Rotterdams, und warteten nach einem lukullischen Mahl geduldig auf den Nachtisch.

„Du, Heinrich", begann plötzlich die Gattin des Kapitäns, die aufmerksam das internationale Treiben in dem Lokal beobachtet hatte, „kannst du dem Ober nich mal 'n büschen unter'e Arme greifen? Du kannst doch Englisch!"

„Hör auf mit so'n Tünkram!" flüsterte Lehmkuhl, der ahnte, daß seine bessere Hälfte mit den Englischkenntnissen ihres Gatten schillern wollte. Aber ohne diese Worte zu beachten fuhr sie schon fort: „Dascha 'n ssstarkes Ssstück, is dascha! Heinrich! Nu guck dir das bloß an. Der Ober weigert sich pahtu, denen Essen zu bringen. Dreh' dich mal vorsichtig um!"

Lehmkuhl, der es an Bord gewöhnt war, selber zu kommandieren, fühlte sich veranlaßt, in diesem Falle zu parieren und drehte sich um.

Eine ganze Familie redete auf den Ober ein, der offenbar weder deren Heimatsprache noch Englisch verstand.

Lehmkuhl, Kenner aller Weltmeere und der Gepflogenheiten vieler Völker, hatte sofort erkannt, daß die Familie mohammedanisch war und aus dem Grunde weder alkoholische Getränke noch Schweinefleisch haben wollte. Dagegen aber alle etwas Verschiedenes und möglichst schnell.

Während der Kapitän dieses durch jene „vorsichtige" Seitenpeilung feststellte, hatte Martha Lehmkuhl bereits mit Hilfe eines verstehenden Lächelns Kontakt aufgenommen zu den Fremden. Außerdem sagte sie: „Mein Mann helpt you!"

Also verklarte Lehmkuhl, denn er hatte keine andere Wahl mehr, dem Ober die Wünsche dieser Leute aus Indien — ruhig und sachlich, ja sachkundig, wie ein Mann von Welt, mit jener Nonchalance, die einen Kapitän von gewöhnlichen Sterblichen unterscheidet, und Martha Lehmkuhl strahlte, als ihr Mann sich wieder zu ihr setzte.

Offenbar aber unter verschiedenen Aspekten löffelte man dann den Pudding. Martha genießerisch, behäbig, hanseatisch. Ihr Mann dagegen hastig und zerfahren. Zwischendurch zahlte er und forderte seine Lebensgefährtin auf, schneller zu essen.

„Aber Heinrich!" empörte sich seine Gattin. „Zeit genug ischa nu wohl . . ."

„Das geht ja nich um'e Zeit", rief Lehmkuhl und winkte hastig den Ober herbei, um schnellstens seine Zeche zu begleichen. „Meinst du vielleicht, ich will das beleben, wenn die was *Verkehrtes* kriegen?!"

Fietje Baumann

Die Arbeitsmarktlage in einem Hafen wie Bremen ist von jeher großen Schwankungen unterworfen gewesen. Immer und in allen Häfen hat es sogenannte unständige Arbeiter gegeben, die sich aus allen sozialen Schichten hierfür zusammenfinden. Abiturienten, die während der Ferien schnell Geld verdienen wollen; Seefahrtschüler im dritten Semester, deren Ersparnisse ihrem leichtsinnigen Lebenswandel nicht standgehalten haben; haltlose Elemente, die nur dann arbeiten, wenn der Magen zu knurren beginnt oder der Wermut ausgeht; aber auch jene durchaus ehrbaren Männer, die bei dieser wirklich nicht leichten Beschäftigung sogar alt werden, obwohl man sie von der Verteilerstelle des Hafenbetriebsvereins immer dort hinschickt, wo tatsächlich Arbeit zu erwarten ist: unhandiges Stückgut, schwere Fässer, Fischmehl oder Zementsäcke.
Einer von ihnen war Fietje Baumann. Immer schlecht rasiert, die Schirmmütze etwas verdreht auf dem struppigen Haar, aber mit einem goldigen Humor, mit dem er sich trotz seiner Außenseiterstellung schon manche gemütliche Schicht gesichert hatte, wie zum Beispiel Langeisen und große Kisten, wo der Kran die Arbeit machen mußte.
Eines Tages war er mal wieder am Weser-Bahnhof gelandet. Nicht umsonst nennt ihn der Schauermann die Rennbahn, denn an den Rampen herrscht rastloser Betrieb, und das Entladen der wartenden Lkws geschieht mit Sackkarren und immer unter Zeitdruck im Sechs-Tage-Tempo.
Trotz dieser schlechten Vorzeichen hatte Fietje es geschafft. Er saß auf einer Kiste und betrachtete das hektische Treiben mit felsenfester Ruhe in jeder Beziehung von oben herab und zog genießerisch an einer selbstgedrehten Zigarette, obwohl das Rauchen im gesamten Hafengebiet strengstens verboten ist. Aber sein Vormann war gerade nicht da, und es war ja wohl kaum Fietjes Pflicht, darauf zu achten, daß der Weser-Bahnhof nicht abbrennt. Selbstverständlich hätte er sofort seine Zigarette ausgemacht, wenn man es von ihm verlangt hätte.
Fietje war ein Original. Er machte alles, aber nur unter Aufsicht. Freundlich folgte er den Weisungen seiner Vorgesetzten, die allerdings recht massiv auftreten mußte. Er duzte jeden, und niemand nahm es ihm übel.
Immer noch saß er auf seiner Kiste, als ein Raunen durch die riesige Lagerhalle ging. Es hatte sich herumgesprochen, daß die Herren des Vorstandes der Bremer Lagerhaus-Gesellschaft momentan diese Umschlagsstätte besichtigten. Eifriger wurde gekarrt, schneller die Paletten beladen und zügiger die Güter gestapelt.
Fietje saß aber wie ein eherner Fels auf seiner Kiste. Der Vormann war immer noch nicht wieder da, und sonst hatte ihm ja wohl hoffentlich keiner was zu sagen, so wahr er Berufsstauer war und Fietje Baumann hieß.

Als ein Makker ihn nun warschauen wollte und eindringlich warnte: „Fiedel, kohm dohl dor, de kohmt hier glieks um'e Eck. De Direktor sülbens is ok dorbi", da rief unser Freund mit unerschütterlicher Ruhe, und man sah ihm sogar eine gewisse Schadenfreude an: „*Arbeitet* ihr man, der hat *mich* schon längst guten Tag gesagt!"

Ein Goldjunge

Die ganze Reise lang lag der III. Ingenieur der FRIESENSTEIN den Kameraden an Bord mit seinem Nachwuchs in den Ohren. Gut und schön, wenn ein frischgebackener Vater bei seinem Sohn gewisse Intelligenzgrade feststellt und die äußere Ähnlichkeit mit sich selbst. Das Gewicht des Kleinen, die wohlklingende Stimme und der stramme Körperbau seines Filius', seines Erstgeborenen, seines Stammhalters — der III. Ingenieur Oekermann kannte kein anderes Thema mehr. Er war durch nichts davon abzubringen.
Ein Bild konnte er leider noch nicht vorweisen. Der große Wunsch, in Port Said eines in der Post zu finden, war nicht in Erfüllung gegangen. Aber seine Frau hatte geschrieben, daß sie Fotos nach Yokohama senden wolle. Er solle sich gedulden.
Diese Ankündigung war an Bord bekannt. Jedem hatte er es erzählt, und es waren nicht wenige, die diesem Ereignis gerne in irgendeiner kernigen Weise begegnen würden. Das war aber leichter gesagt als getan. Höchstvermutlich würde man taktvoll nicht nur ein Bild, sondern eine ganze Serie mehr oder weniger gut gelungener Portraits begutachten müssen.
Aber da war einer unter ihnen, der hatte das Rezept. Etwas ganz sicheres. Der Dritte würde nie wieder von seinem Sohn sprechen und erst recht keine Bilder zeigen . . .
Währenddessen zog das Schiff Tag und Nacht seine Bahn durch den Indischen Ozean auf dem Wege nach Ostasien.
In Yokohama kam der Agent an Bord und mit ihm natürlich die Post. Der Funker verteilte sie, und als einer der ersten kam unser Ingenieur aus der Funkbude. Mit einem dicken Kuvert eilte er freudestrahlend in seine Kammer — zur ersten persönlichen Sichtung. Die Männer, die ebenfalls ihre Briefe in Empfang nahmen, grinsten sich verständnisvoll an. Es war nahezu die gesamte Besatzung.

Und dann ging es los. Oekermann kam wieder aus seiner Behausung heraus und suchte sein erstes Opfer. Es war der Chief, der bei einer Tasse Brühe im Salon saß. Oekermann betrat die heilige Stätte, in der er normalerweise nichts zu suchen hatte, aber sich infolge seiner glänzenden Stimmung dazu erdreistete.
„Herr Osmer!" begann er, „darf ich Ihnen kurz die Bilder meines Sohnes zeigen?! — Ein goldiger Kerl!"
Schweigend betrachtete Osmer die Bilder. — Allzu schweigend. Eines nach dem anderen. Schließlich äußerte er sich: „Tja — ist ja ein strammer Bengel, aber . . ." Er vollendete den Satz nicht. Er betrachtete weiter. Nochmal die ganze Serie.
Der III. Ingenieur stand daneben und fühlte, daß der Chief seine Meinung über den „goldigen Kerl" nicht ganz teilte.
„Tja!" räusperte sich Osmer abermals. „Also wenn ich ehrlich sein soll . . .", und er legte seine Stirn sorgfältig in Unmutsfalten, „der Junge scheint mir etwas nervös zu sein."
Pause.
„Meinen Sie?" Oekermann, der nur volles Lob erwartet hatte, war sichtbar verdattert.
„Zweifellos!" bestätigte Osmer.
Zögernd nahm der junge Mann die Bilder wieder an sich, und betreten verließ er den Salon.
Bei dem Assi Kutschenreuter, der ihm als nächster über den Weg lief, das gleiche. In Anbetracht seiner Jugend leichtfertiger mit dem Wort als der Chief, sprach der bereits von „verdammt nervös", während der Koch, der dazutrat, den Goldjungen als reichlich zappelig bewertete.
Mann für Mann, bei allen das gleiche. Als der III. Offizier, der als diensttuender Medizinmann professionelles Interesse heuchelte, bei genauer Betrachtung der Bilder von einer Art angeborener Neurose sprach, gab es der „glückliche" Vater auf.
Seiner Frage, wie man auf einem Bild so genau das Temperament seines Sprößlings erkennen könne, war man mit Schweigen begegnet oder mit einer lakonischen Bemerkung.
Oekermann war baff. In einer Art verzweifelter Suche nach einem Wort des Trostes, denn danach hatte er inzwischen mehr Verlangen als nach einem Lob, zeigte er nun auch jedem und jedem die Bilder. Aber dabei bekam der Goldjunge nun sogar noch abstehende Ohren und Ähnlichkeit mit einem Mädchen.
Der junge Vater war aufs tiefste betroffen.
In der Abgeschiedenheit seiner Kammer betrachtete er noch einmal wehmütig die Bilder und verstaute sie dann in die entlegenste Ecke der Schublade unter seiner Koje.
Und darum ging es ja.

Fischkutter zum Fang auslaufend

Öl auf Leinwand, 24 x 30 cm

Sommer, eine fast glatte See und auslaufende Fischkutter vor einem farbigen Abendhimmel – in der Tat eine malerische Idylle.
Aber wer weiß um das Leben der Fischer, wenn z. B. ein steifer Südwest weht? (S. S. 83).

Die ADOLPH WOERMANN in Ostafrika

Öl auf Leinwand, 50 x 70 cm

Die Herrschaften im Vordergrund sind damit beschäftigt, ihr Boot an Land zu ziehen — unbeeindruckt von der Tatsache, daß dieser große Dampfer an ihnen vorüberzieht.
Die ADOLPH WOERMANN bediente das ehemalige Deutsch-Ostafrika, schwerbeladen mit Gütern des täglichen Bedarfs. Zum Beispiel mit zerbrechlichen Glaskisten . . . (s. S. 84).

Lloyddampfer FRIDERUN in der Südsee

Öl auf Leinwand, 30 x 40 cm

Hier liegt die FRIDERUN friedlich auf einer Reede in der Südsee. In den Wirren um die Tschecheikrise mußte sie schleunigst den Hafen von Hongkong verlassen, und in Rabaul erreichte sie ein verschlüsseltes Telegramm aus der Heimat . . . (s. S. 88).

Neptundampfer ARION aus dem Bremer Europahafen auslaufend

Öl auf Leinwand, 50 x 75 cm

Fast fahrplanmäßiges Bedienen der Häfen Spaniens und Portugals machte das Fahren bei der „Neptun“ angenehm. Änderungen in der Rotation mit üblicher Reiseverzögerung kamen aber vor und waren nicht tragisch. Jedenfalls nicht für ordentliche Leute. Der I. Offizier der ARION war aber ein Windbüdel ... (s. S. 91).

Die BÄRENFELS

Öl auf Leinwand, 55 x 85 cm

Die BÄRENFELS boxt sich durch die Nordsee. Meistens haben die Schiffe der DDG Hansa vor ihrer Ausreise zum Persischen Golf oder nach Indien noch die Häfen Rotterdam und Antwerpen bedient. Das war einem frischgebackenen Ingenieur-Assistenten aber unbekannt ... (s. S. 101).

Die ISARSTEIN in Hamburg

Öl auf Leinwand, 30 x 50 cm

Die ISARSTEIN passiert Hamburgs Wahrzeichen, den Michel. Das Schiff fuhr Stückgut nach Ostasien. Den Seeleuten war es auf diesen Schiffen noch möglich, in fernen Hafenstädten an Land zu gehen, weil die Zeit nicht zu sehr drängte. Manchmal wurde das Auslaufen eines Schiffes sogar begrüßt, weil man auf See endlich mal wieder seine Ruhe hatte, aber auch, weil der Funker kein Geld mehr rausrückte . . . (s. S. 105).

Die FRIEDEL auf Probefahrt in Hamburg

Öl auf Leinwand, 40 x 60 cm

Auf diesem verhältnismäßig großen Küstenmotorschiff, einfach auch Kümo genannt oder von bösen Zungen als ‚breitgekloppter Klütenewer' bezeichnet, fuhr eine Besatzung, die sich schon von zu Hause her kannte. Die menschlichen Beziehungen waren hier also noch fast familiär, dadurch allerdings noch lange nicht frei von Spannungen . . . (s. S. 116).

Motorschiff GREIF vor den Ostfriesischen Inseln

Öl auf Stauholz, 23 x 55 cm

Kapitän Meierdierks erzählt hier von Seeleuten, die er als junger II. Offizier einweisen wollte in die Geheimnisse der Navigation. Allerdings vergeblich. Erfolgreich dagegen verlief die medizinische Behandlung eines Jungmanns in der Funkbude ... (s. S. 120).

Die PAMIR in Rio

Das Schicksal lauert überall. Besonders für einen jungen Mann, der auf einem Windjammer zur See geht, wie Harald S. – Der Chronist verschweigt hier den vollen Namen des Kadetten, weil er der Bezeichnung „Christliche Seefahrt" ziemliche Unehre bereitet hat.

Es begann bereits vor der Anmusterung, als er sich für die Ausbildung auf der PAMIR bewarb. Der Andrang der Bewerber war sehr groß, und so konnte es sich der Reeder erlauben, per Fragebogen ein Persönlichkeitsbild des betreffenden Seemannes einzuholen.

Und wie gesagt, dort begann es. Die ungewöhnliche, aber offenbar entscheidende Frage um seine Einstellung zum Christentum beantwortete Harald anstatt mit einem schlichten Strich mit einer literarisch wertvollen, sonst aber gründlich ermogelten Darstellung.

Als die PAMIR nun mit einer Ladung Zement in Rio de Janeiro eintraf, war das ein ganz großes Ereignis. Die Deutschen dieser wunderschönen Stadt rissen sich förmlich darum, ihre Landsleute zu Berg- und Segeltouren oder schlicht zum Mittagessen einzuladen. Die Kadetten verlebten auf diese Weise eine außerordentlich herrliche Zeit, weil auch die Brasilianer teilhaben wollten an dieser Völkerfreundschaft.

So war es Harald vergönnt, im Kreise der Familie de Santoro manch frohe und erbauende Stunde zu verleben. Die Sache hatte allerdings einen kleinen Haken: Er mußte schon wieder mogeln. Die Familie hielt nämlich jedesmal mit einigem Aufwand das Tischgebet. Zaghaft faltete er dann die Hände und senkte sein Haupt zu mehr oder weniger stiller Andacht.

Das war ihm derart ungewohnt, daß er eines Abends vor dem Einschlafen zur Erleichterung seines nun denn doch etwas havarierten Gewissens seinen Makker Helmut Peters fragte, wie der sich in einem solchen Falle verhalten würde.

„Oooooch . . .", erklang es aus der benachbarten Hängematte, „das nimm man nicht so tragisch."

Und da noch aus weiteren Hängematten ähnliche Kommentare zu hören waren, schlief Harald beruhigt ein.

Am darauffolgenden Sonntag schritt er in frisch- und selbstgebügelter Khakikluft durch die Straßen Rios. Seine Bedenken gegen die Ouvertüre zu diesem Tage waren ja gottseidank beseitigt, und er träumte bereits von der Segelpartie auf dem Lagôa Rodrigo de Freitas, die für den Nachmittag angesetzt war. Dort hoffte er endlich mal mit der bildhübschen Tochter des Hauses allein sein zu können. In seiner Phantasie trat bereits die Dämmerung ein, und ein hoher Schilfgürtel schloß sich sanft hinter einem gemütlich eingerichteten Segelboot.

Per Camino, jenem typisch südamerikanischen Zwischending zwischen Taxe

und öffentlichem Verkehrsmittel, erreichte er die Villa der Santoros in der Avenida Mello Franco des malerischen Villenvorortes Leblon.
Nach einer temperamentvollen und herzlichen Begrüßung durch eine vielköpfige Familie im Garten hinter dem Hause trat feierliche Stille ein, als die Hausfrau zum Platznehmen aufforderte und sie die Zeremonie eines festlichen Mittagmahles durch die obligate Andacht einleiten wollte.
Und als man nun unter freiem und azurblauem Himmel an der Tafel saß, da war Harald besser denn je gewappnet gegen — oder besser gesagt *für* — das Gebet.
Aber dann — der Wind verhielt seinen Atem und selbst die Vögel hatten aufgehört zu zwitschern — richtete Señora de Santoro ihre Worte an den jungen deutschen Kadetten, der sie zunächst und glücklicherweise nicht verstand, weil er den portugiesischen Lauten nicht in jedem Fall folgen konnte. Aber als er ihren Sinn begriffen hatte, als er genau wußte, um was es ging, da schwammen ihm alle Felle davon. Wie vom Donner gerührt und vom Blitz getroffen saß er da . . . *Er* sollte das Gebet sprechen.
Das, was nun kam, waren die peinlichsten Sekunden seines bisherigen Lebens, während viele Augenpaare erwartungsvoll auf ihn gerichtet waren; auch die Miryams, der Jungfrau seiner Träume.
Wenn er nun wenigstens das Vaterunser könnte oder ein x-beliebiges schöngeistiges Gedicht, wenn ihm nur irgendetwas einfallen wollte. Aber nichts und wieder nichts.
Was hätte er darum gegeben, dieses entsetzliche Schweigen zu brechen. Lieber wollte er nochmals in Seenot geraten, wie er es auf der PAMIR schon gleich in der Nordsee erlebt hatte, und lieber wollte er abermals tagelang seekrank sein. Am meisten verwünschte er aber seine gottverlassene Einstellung zum Christentum und jenen Fragebogen, ohne den er möglicherweise gar nicht in Rio wäre.
Aber in dieser Sekunde höchster Not fiel ihm ein, daß die PAMIR ja ein Schulschiff war und was er dort gelernt hatte — und daß die Santoros kein Deutsch verstanden. Er neigte sein Haupt, faltete die Hände und interpretierte das, was er aus dem ff beherrschte: die Fahrregeln der Seeschiffahrtstraßenordnung. Erst stotternd und dann immer zuversichtlicher und zuletzt mit Überzeugung und in einer der Situation angepaßten Form „betete" er:
„Jedes in Anwendung oder Auslegung dieser Vorschriften einzuleitende Manöver muß entschlossen, rechtzeitig und so ausgeführt werden, wie es die seemännische Praxis erfordert.
Das Vorhandensein einer Gefahr des Zusammenstoßes kann, wenn es die Umstände gestatten, durch sorgfältige Kompaßpeilung eines sich nähernden Fahrzeuges erkannt werden. Ändert sich die Peilung nicht merklich, so ist anzunehmen, daß die Gefahr des Zusammenstoßes besteht. Lieber Gott", schloß er aufatmend und wischte sich heimlich eine dicke Schweißperle von der Stirn, „ich danke dir, daß sich meine Peilung so schön geändert hat. Amen!"

Die PAMIR vor Rio

Öl auf Leinwand, 50 x 70 cm

Die Kadetten haben tatsächlich in Hängematten geschlafen, die sie selbst aus Segeltuch nähen mußten. Bei der ständigen Schräglage eines Seglers war eine solche Schlafgelegenheit sogar ideal.

Mehrere Passagiere an Bord, das geht ja noch, die verlaufen sich nämlich, aber wenn auf einem Frachter nur ein einzelner vorhanden ist und dieser dann noch weiblich und darüber hinaus jung und hübsch ist, dann liegt was in der Luft.

Der Elektriker, der sonst nicht vor dem völligen Zusammenbruch einer Ladewinde dazu zu bewegen ist, eine solche wieder in Schwung zu bringen, entdeckt plötzlich Mängel an allen Winden, weil besagte Dame natürlich nicht in das Labyrinth des Maschinenraumes hinabsteigt. Überhaupt spielt sich offenbar der gesamte Maschinenbetrieb an Deck ab, seit man dort jederzeit eine wohlgefällige Peilung nehmen kann.

Und die Matrosen singen plötzlich bei der Arbeit, um die Aufmerksamkeit des Mädchens zu erregen. Aus dem Kombüsenskylight erklingt es den ganzen Tag lang wie das Geheul eines hungrigen Schakals, wenn auch der Kochsmaat aus demselben Grunde lauter Arien vom Stapel läßt. Der Steward — sonst das reinste Luschpäckchen — stolziert in schneeweißer Litewka einher, um Eindruck zu schinden.

Die ganze Besatzung hat der eingangs erwähnte Luftzug gepackt, nur einen nicht. Ein einziger ist darüber erhaben über diesen menschlich verständlichen, aber reedereiseitig unerwünschten Hang zum schwachen Geschlecht. Er steht auch hier über den Dingen. Er — der Stellvertreter Gottes an Bord: der Kapitän.

Im Falle der STAHLECK war es ein Mann, der aus einer Zeit stammte, in der die Schiffe noch aus Holz waren. Das Gehabe seiner Untertanen hielt er für im höchsten Grade unangebracht und vor allen Dingen die daraus resultierende windige Arbeitsmoral für verwerflich. Und während das Schiffsvolk in dieser Beziehung immer leichtsinniger wurde, zumal Fräulein Anita Brosius sich mit dem Erreichen wärmerer Zonen im Bikini zeigte, wurde Kapitän Kerkhoff immer unzugänglicher.

Wenn sie sich schon auf dem Peildeck sonnen müsse, hatte er das Problem von dieser Seite anzupacken versucht, dann solle sie wenigstens ihren Bikini „dicht" lassen.

„Aber Herr Kapitän", hatte die Person geantwortet, „wenn ich auf dem Bauch liege, dann kann doch niemand etwas sehen, und ich liebe es nicht, wenn hernach auf dem Rücken ein weißer Strich zu sehen ist."

Über Moral zu diskutieren war nicht im Sinne Kerkhoffs, schon weil er normalerweise nur ohne viel Gerede einfach kommandierte. Und so war er in diesem Falle machtlos.

Daß „niemand etwas sehen" konnte, war wohl auch weit gefehlt. Erstens hat

Hein Seemann gerade in dieser Angelegenheit eine bemerkenswert reiche Phantasie, und technisch gesehen waren die Matrosen damit beschäftigt, das Ladegeschirr zu überholen. Auffällig eifrig turnten sie gerade in den Pfahlmasten vor den Brückenaufbauten herum, weil nämlich Anita von dort aus bestens zu beobachten war.

Kapitän Kerkhoffs Aufmerksamkeit konzentrierte sich somit auf das Peildeck. Auch weil der Funker, der scheinheilige, dort oben dauernd an seinen Antennen herumbastelte.

Direkt über seinem Kopf — wenn er sich auf der Kommandobrücke befand — schien sich Unkontrollierbares zusammenzubrauen, aber der Kapitän hatte nicht die Möglichkeit einzugreifen, denn Passagiere sind wie heilige Kühe, und vor der Besatzung wollte er sich nicht blamieren.

Es gab aber doch etwas, was die Moral wieder herstellte: die Dampfpfeife. — Kerkhoff überzeugte sich, daß Fräulein Brosius sich auf dem Peildeck aalte — den Rücken zur Sonne, während die Träger des Bikinioberteils schamlos von der Liege herabbummelten. Die Matrosen arbeiteten auf ihren Hochsitzen, und siehe da, der Elektriker reparierte selbstlos und ohne dazu aufgefordert zu sein die Mastbeleuchtung. Auch der Funker war zugegen.

In diesem günstigen Moment ordnete der Kapitän das allmittägliche Ausprobieren der Kommandoelemente an.

Während der Maschinentelegraf klingelte, Telefone läuteten und das Handruder eingekuppelt wurde, zog Kerkhoff eigenhändig das Flötenbändsel. Augenblicklich ergoß sich aus dem gewaltigen Typhon direkt über der Passagierin ein heftiger Regen heißen Dampfkondensats, und ehe der tiefe Baß der Schallanlage erklang, schrie die Süße bereits, als befände sie sich im Fegefeuer. Kopflos rannte sie auf dem engen Peildeck hin und her, um Schutz zu suchen vor den heißen Tropfen. Und nicht nur kopflos — nein, zur hellen Freude der Janmaaten und zur grimmigen Zufriedenheit des Kapitäns auch — büstenhalterlos.

Die herzerfrischenden Kommentare, die dieser Vorfall in der Matrosenmesse auslöste, sind für eine Wiedergabe nicht geeignet, wohl aber die Worte des Kapitäns, wenn es ihm mal wieder zu bunt werden wollte. Dann grollte er, und seine Mahnung fiel meistens auf fruchtbaren Boden: „Ich muß wohl mal wieder tuten?!“

Eigentlich hatte Kapitän Kerkhoffs Einstellung über Anstand und Moral nichts damit zu tun, daß er aus einer längst vergangenen Epoche stammte. Auf Segelschiffen gab es keine Passagiere und auf Dampfern anfangs auch kaum. Erst mit der Klausel im Schiffssicherheitsvertrag, daß Schiffe mit Kabinen für bis zu zwölf Passagieren nicht als Fahrgastschiffe mit entsprechend aufwendigen Sicherheitseinrichtungen galten, beteiligten sich viele Reedereien an diesem Geschäft.

Was bislang nicht üblich war, wurde nun zur Regel: Es gab Frauen an Bord. Kerkhoffs Antipathie gegen die windige Einstellung seiner Besatzung dazu entsprach nun aber trotz aller Bärbeißigkeit nicht seiner natürlichen Überzeugung. Verschiedene seiner Männer konnten sich ganz im Gegenteil gut an Gerüchte über eine Episode erinnern, die sich hinter den Kulissen des Bordbetriebes abgespielt hatte. Es galt sogar als ganz sicher, daß Kerkhoff etwas mit einer Passagierin „gehabt" hatte.

Tatsächlich war er auf eine ganz sonderbare Weise vom Schicksal ereilt worden. Sozusagen als Opfer seiner Pflichten, denn einerseits hatte er sich in „wünschenswerter" Weise den Passagieren zu widmen, andererseits durfte er nicht zu weit gehen. Die Grenze dazwischen stand nirgends geschrieben, und so war es — vermutlich auf Betreiben jener Passagierin — zu einem Überschreiten derselben gekommen.

Wahrscheinlich wäre diese Geschichte niemals public geworden, aber die Vorsehung wollte es, daß es zwei Stunden nach Mitternacht, als die STAHLECK im Mittelmeer auf der Höhe von Oran stand, wo so etwas sehr selten ist, nebelig wurde. Der wachhabende Offizier schickte deshalb einen Jungmann nach unten, um den Kapitän zu wecken.

Als der Seemann aber mit der Nachricht wieder auf die Brücke kam: „Da ist abgeschlossen!", nahm der Zweite zwar etwas erstaunt, aber noch ahnungslos das Sprachrohr zur Hand und pfiff nach unten.

Zwischen dem Geracker des Jungmanns an der Schlafkammertür des Kapitäns und diesem Pfiff muß sich in der Koje des Sünders eine seltsame Szene abgespielt haben. Offenbar hat die Dame versucht, den Alten mit mehr als sanfter Gewalt an der Wahrnehmung seiner Pflichten zu hindern. Denn als der Zweite in das Sprachrohr hineinhorchte, dessen anderes Ende in Kerkhoffs Koje mündete, da vernahm er anstatt des vertrauten „Achtung!" ein außerordentlich aufschlußreiches Gekicher und einen Satz, der aufgrund entweder leichtfertiger oder boshafter Indiskretion an Bord der STAHLECK zu einem geflügelten Wort geworden ist. Als der Bootsmann nämlich anderntags seine Seeleute an die Arbeit holen wollte und sein „Törn to!" in die Messe rief, da erscholl es wie aus einem Munde: „Ach Süßer, nun laß doch den ewigen Dienst!"

Schuld und Sühne zweier Funkenpuster

Die folgende Begebenheit ist ähnlich wie die mit dem Swinegel und dem Hasen: Sie ist lögenhaft to vertellen, aber sie hat sich tatsächlich zugetragen.

Es war in New York. Zwei Hansa-Dampfer lagen in einem der zahlreichen Docks von Brooklyn. Zufällig hatten sich deren beide Funker an der Pier getroffen, und ebenso zufällig hatte sich ergeben, daß alle beide ihre erste Reise machten.

Von Tatendrang und von wer weiß was noch für einem Drang beseelt bekamen sie es unter der Angabe fadenscheiniger „Dienstangelegenheiten" fertig, an einem gewöhnlichen Werktage schon mittags an Land zu gehen. Dort setzten sie sich in eine Taxe und fuhren in Richtung des Negerviertels Harlem. Sie hatten nämlich vor, Land und Leute zu studieren, und um es genauer zu sagen: die weiblichen Leute und dazu noch die schwarzen.

Da dieser Wunsch keinesfalls nur einem ethnologischen Forschungsdrang entsprang, können wir nicht umhin, dieses Tun als verwerflich zu bezeichnen, zumal der eine der Herren noch der Sohn eines Pastoren war.

An der Grenze zwischen Manhattan und Harlem stiegen die beiden Bösewichter um in eine „schwarze" Taxe, weil das Negerviertel eigentlich tabu ist für alle Weißen.

Den beiden war es bewußt, daß sie sich in ein Abenteuer begaben. Harlem ist die Heimat der Kidnapper, und sie hatten auch schon von verschiedenen anderen unangenehmen Dingen gehört, zum Beispiel, daß man immer mal wieder im Morgengrauen einen Weißen auf der Straße findet, dem man das Lebenslicht ausgeblasen hatte. — Aber wo wäre sonst das Wagestück . . .

Mitten im Herzen Harlems betraten sie kühn ein Lokal und bestellten sich zu trinken.

Die äußerst schlampige Umgebung wirkte auf sie eher originell als abstoßend. Dem Wirt, der mürrisch zwei Gläser Bier servierte, begegneten sie mit jovialer Vertraulichkeit, denn sie spürten, daß sie das eisige Schweigen brechen mußten, das ihnen überall dort entgegenschlug, wo sie auftauchten.

„Yea!!!" erklang da plötzlich die so eigentümlich hohe Stimme eines Negers, und er entpuppte sich als ein wahrer Verbündeter. „Are ye Germans?"

„Yes!" antworteten sie wie aus einem Munde, froh darüber, einen Gesprächspartner zu haben, der obendrein noch einen ganz passablen Eindruck machte. Die drei rückten zusammen, wobei sich als eine beiderseits lebhaft begrüßte Tatsache herausstellte, daß dieser Gentleman nach dem Kriege in Heidelberg gewesen war. Es wurden Erinnerungen ausgekramt, die — zumindest bei dem Pastorensohn — gar keine waren, denn der war noch nie in der Neckarstadt gewesen. Aber in Anbetracht der Tatsache, daß man ohnehin schon nicht mehr auf dem

Pfade der Tugend weilte, hielt er sein Flunkern nicht für gar so sittenwidrig, wohl aber der Sache dienlich, denn es fiel das Wort „girls".
Dabei rückte man noch enger zusammen, und die Angelegenheit schien günstig anzulaufen. Aber als die beiden Glücksritter nun dem Neger verklart hatten, daß sie das in Harlem wollten, was er in Heidelberg erlebt hatte, da wiegte er bedenklich sein Haupt. Möglich sei das wohl, aber für Weiße sei das durchaus nicht ungefährlich, zumal man bei Weißen immer Geld und Wertgegenstände vermute.
Daß sich ihr neuer Freund trotzdem — nachdem er festgestellt hatte, daß sie genügend Dollars springen lassen konnten — bereit erklärte, sie an das Ziel ihrer Wünsche zu bringen, das schien die beiden Funkenpuster blind zu machen gegen die Gefahr, die auf sie zukam.
Die drei traten aus dem Lokal ins Freie, und dann schlug der Neger eine Richtung ein, in der es besonders schäbig aussah: enge Straßen, schmutzige Mietskasernen und sagenhaft viele und ungepflegte Kinder.
Vor einem hohen Haus blieb er prüfend stehen, und auf seinen Wink folgten die beiden Seeleute ihm. Ein dunkles, schmuddeliges Treppenhaus nahm sie auf, und als sie die knarrenden Stufen emporstiegen, verebbte alles Kindergeschrei, und böse Blicke folgten ihnen. Als eine Negerin als Ausdruck höchster Mißbilligung vor ihnen ausspuckte und irgendwo anders eine Tür dichtgeknallt wurde, da wären sie am liebsten wieder umgekehrt, denn die Situation war offenbar wirklich asig.
Ganz oben klopfte der Neger dann an eine Tür und horchte. Es rührte sich aber nichts. Nachdem er es einige Male vergeblich versucht hatte, gebot er den beiden zu warten und öffnete die Tür. Aber bevor er sie von innen wieder schloß, fragte er, ob man ihm nicht die Wertsachen geben wolle. Das sei ganz gewiß sicherer, denn mit ihm als Beschützer würden sie für eine gewisse Zeit nicht rechnen können.
Trotz einer negativen Vorahnung banden sie ihre Uhren ab und händigten die Portemonnaies aus. — Das war aber ganz offenbar gut, denn als der Neger verschwunden war, versicherten sich die beiden Schlauberger gegenseitig die Richtigkeit dieser Maßnahme.
Als sie aber eine Viertelstunde gewartet hatten, kam ihnen die Sache doch verdächtig vor, und sie ermunterten sich flüsternd dazu, ebenfalls anzuklopfen. Da sich aber nach weiteren zehn Minuten immer noch nichts ereignete, öffneten sie selbst die Tür.
Der Raum, der sich vor ihnen auftat, war dann — oh Fluch der bösen Tat — genauso lang wie ihre Gesichter. Es handelte sich nämlich um einen Fluchtweg für den Fall eines Brandes. Solche „fire ways" sind in den Staaten vorgeschrieben und üblich. Sie sind als Korridore mit lauter Türen zu allen Treppenhäusern bemerkenswert zweckentsprechend . . .
. . . und *das* hatte sich der Neger auch gedacht.

Der Geizige

Auf MS GREIF war eigentlich ein ganz gemütliches Fahren. Für die Verheirateten waren die kurzen Reisen nach Finnland schon allein aus dem Grunde recht angenehm, weil die Ehefrauen bereits, wenn sich das Schiff auf der Heimreise befand, im Kiel-Kanal an Bord kommen konnten. Und man hatte obendrein die Chance, des öfteren zu Hause zu sein. Da die finnischen Mädchen besonders deutschfreundlich sind, hatten auch die Jungkerls ihre bestimmten „Heimathäfen". Und dann wurde tatkräftig mit Wodka geschmuggelt, was ebenfalls eine recht ersprießliche Sache war. Körbeweise kam er in Brunsbüttel oder Holtenau an Bord, und dieser unerlaubte, aber blühende Handel schuf jene erfreuliche Atmosphäre, die man Kameradschaft nennt. Hier waren sie alle gleich, der Leichtmatrose und der Nautiker, der Koch und der Ingenieur.
Einige Besatzungsmitglieder fuhren schon jahrelang auf MS GREIF, und eigentlich hätte nichts ein harmonisches Zusammenleben an Bord zu stören brauchen, wenn — ja wenn nicht die Treppe zu den Wohnräumen der Matrosen direkt über der Koje des Chiefs entlanggeführt hätte. Es gab Reibereien deswegen, und es waren sogar schon böse Worte gefallen, weil die Seeleute dem I. Ingenieur nach dessen eigener Darstellung unentwegt auf dem „Döz herumtrampelten".
Die Spannungen hatten sich im Laufe der Zeit immer mehr verschärft, und die Haltung der gegnerischen Parteien war immer starrer geworden. Der Kapitän hatte eingeschaltet werden müssen, und die Fehde drohte auszuarten in jene triste Randerscheinung der Christlichen Seefahrt, die das Leben an Bord unnötig schwer macht: in einen Krieg zwischen Deck und Maschine.
Nach der Überzeugung des Chiefs hatte der Kapitän der Ermahnung der Matrosen, die Treppe leiser zu benutzen, nicht genügend Nachdruck verliehen, und aus diesem Grunde waren sich nun selbst die beiden ersten Herren der Schiffsleitung nicht mehr ganz grün.
Die Matrosen vollzogen allerdings — und das muß man dazu bemerken — eine Art permanenter Rache, weil die Maschinenleitung nachts in den Häfen trotz aller Proteste den Strom für den E-Herd in der Kombüse abstellte. Der Seemann, der die Wache gehen mußte, hatte dadurch keine Möglichkeit, sich Kaffee zu kochen oder gar einen Grog zu brauen. Und das ist gerade in Finnland, kurz bevor die Ostsee zufriert, eine recht unangenehme Sache.
Das „Getrampel" hatte also seinen Grund und die wirkungslosen Ermahnungen des Kapitäns ebenfalls, denn der hatte ein Herz für seine Seeleute.
Und alle hatten sie recht. Letzten Endes war die Handlungsweise des Chiefs ja nicht einmal schnöder eigensinniger Geiz, wie man es ihm unterstellte, sondern er hoffte sogar noch auf massives Lob seitens der Reederei, als er in frommer

Weise in sämtlichen Betriebsgängen jede zweite Glühlampe ausschrauben ließ. Hohn und Spott glitten an ihm ab wie Regen an einer rotierenden Klarsichtscheibe. Schließlich hatte er seine Loyalität bewiesen und die niedrigen Frachtraten auszugleichen versucht, unter denen die Reeder schon seit der Erfindung der Seefahrt zu leiden haben.

Aber trotz allem: Die schwelende Gegnerschaft war wie eine glühende Lunte zu einem Pulverfaß. Leicht konnte es explodieren. Genauso simpel war es auch, die Lunte abzuschneiden, wie es eines Tages der II. Offizier tat — in seiner Eigenschaft als alleiniger Inhaber des Seefunk-Sprech-Zeugnisses.

Normalerweise wurde diese Tatsache nicht besonders tragisch genommen. Jeder telefonierte so wie es gerade kam. Wichtig dabei war nur, daß die Post zu ihren Gebühren kam. Und genau da lag für den Chief der Hund begraben. Er hatte es nämlich mit einer besonders pfiffigen Überlegung dahin gebracht, von See aus *umsonst* mit seiner Frau in Bremerhaven zu telefonieren.

Mit einem ehemaligen Kollegen, der jetzt an Land saß und in Bremerhaven den „Nautischen Revierfunk“ wahrnahm, hatte er anläßlich eines gemütlichen Beisammenseins ausbaldowert, daß doch allerlei Geld zu sparen sei, wenn man diesen *gebührenfreien* Dienst der Post ausnutzen würde. Da so etwas Schönes natürlich überwacht wird, hatten die beiden Männer einen „Geheimcode“ entwickelt, und auf ein bestimmtes Wort wußte der Freund an Land, ob sein Kollege nach Ankunft des Schiffes von Bremen nach Hause kommen konnte oder nicht, denn vorher stand nie fest, wer wem entgegenfahren mußte, der Chief seiner Frau oder sie ihm nach Bremen.

Das ging nun schon reisenlang so gut und wäre wohl auch noch lange reibungslos so gegangen, wenn nicht der Chief auch noch auf sämtlichen Toiletten die Heizungen abgedreht und die Handräder abgebaut hätte. — Und das genau an dem Tag, an dem die Station seines Freundes in Reichweite kam. Das Ultimatum des II. Offiziers, der glücklicherweise gerade die Wache hatte, hieß, als unser Geizkragen wieder mal auf seinen Geheimkanal gehen wollte: entweder Strom anschalten, überall, auch nachts in der Kombüse, oder kein Telefonat!

Da ein Gespräch von See aus nun wirklich relativ teuer ist, stand der Chief vor einer schweren Entscheidung, die er treffen mußte unter den prüfenden Blicken derer, die im Ruderhaus anwesend waren: Der Weserlotse befand sich schon an Bord, der Matrose am Ruder konnte ein schadenfrohes Grinsen nicht verbergen, und nicht zuletzt der Kapitän beobachtete ihn.

Er versteckte sich hinter gönnerhafter Jovialität und — telefonierte.

Noch am gleichen Tage gab es in allen Betriebsgängen wieder ausreichende Beleuchtung, und auf den Toiletten war es wieder gemütlich warm. Über dem Kopf des Geizigen kehrte Ruhe ein und — was das Schönste war — auf dem ganzen Schiff wieder der — Friede.

Der alte Fischer

In Fedderwardersiel, an einen Dalben gelehnt, stand der alte Fischer Jan Stindt und musterte mißbilligend das Treiben am Kai. Die Kutter, die ausliefen zum Fang, nahmen schon fast alle „Passagiere“ mit. Zuerst aus Spaß, und jetzt mußten die Leute dafür bezahlen. Das Eigentliche, nämlich das Fischen, geriet immer mehr in den Hintergrund, und erst letzte Woche hatte Menno Harries seinen Ewer an einen Mann verkauft, der das Schiff „modernisieren“ wollte. Es sollte eine Hochseejacht werden.

Gerade als Stindt so recht behaglich an die guten alten Zeiten zurückdachte, wo es sowas nicht gegeben hatte, wurde er von einem elegant gekleideten Herrn angeredet, der genau das Gegenteil von dem verkörperte, von dem Jan gerade träumte: „Sagen Sie mal“, fing der andere an, „das ist ja mal ’ne schöne Gegend hier!“

Obwohl heftig in seiner Muße gestört, das konnte und wollte Stindt nicht widerlegen, und er knurrte: „Ist sie!“

„Und welch netten Eindruck die Menschen hier alle machen. Und dann habe ich bemerkt, daß es hier so viele Kinder gibt. Das liegt doch bestimmt an dem gesunden Klima.“

„Nee!“ antwortete Stindt mit Überzeugung.

„Nein? — Wieso nicht?“

Stindt nahm jetzt seine Pfeife aus dem Mund und sagte: „Das liegt an dem steifen Südwest, der hier oft weht.“

„???“ Der Fremde war sprachlos. „An dem Südwest?“

„Jawoll!“ antwortete Stindt, nahm seine Pfeife wieder zwischen die Zähne und erklärte: „Denn köönt wi nämlich nich fischen.“

Fragile

„Lehrerinnen?!" sagte Kapitän Kruse, „nee!!! — Die sind ja schlauer als der liebe Gott. Und was die alles zu bemängeln haben und wo die überall was besser wissen wollen. Sogar bei der astronomischen Navigation wollen sie uns dreinreden. — Wir hatten mal zwei Stück davon an Bord. Es war auf der ADOLPH WOERMANN. Natürlich alte Jungfern, und wie gesagt — schlauer ging's nicht. Aber einmal haben wir sie doch reingelegt. Ganz schön sogar.
Stehe ich da doch mit meinem Ersten an Luke zwo und beäug' den Ladebetrieb, da kommen die beiden über Deck gewackelt, und schon geht es los: ‚Ach, Herr Kapitän', säuselte die eine, ‚das ist ja interessant. Überall auf den Kisten steht der Name des Bestimmungshafens. Es muß dann doch sehr einfach für Sie sein, das Gut im richtigen Hafen auszuliefern.'
Ehe ich auf diese hochgeistige Betrachtung was sagen konnte, hatte der Erste schon die günstige Chance erkannt. ‚Das ist sehr richtig, meine Damen', antwortete er. ‚Und sehr wichtig. Denn woher wüßten wir sonst, daß wir noch nach Fragile gehen. Sehen Sie dort: Die Glaskisten dort unten, die gehen nämlich nach Fragile. Im Fahrplan steht es nicht, und das ist ein wunderschöner Hafen auf Gran Canaria. Eine willkommene Unterbrechung der langen Reise nach Ostafrika, nicht wahr?'
Die beiden waren begeistert.
Und dann auf See: Ob es dort Sehenswürdigkeiten gäbe. Vielleicht eine Kathedrale oder unterirdische Gänge. — Na, jedenfalls — wir haben uns alle schön was zurechtgeflunkert."
Soweit Kruses Darstellung.
Als nun Gran Canaria in Sicht kommen sollte, kam es nicht. Kapitän und Offiziere gaben sich gelassen. Auf die Instrumente zur Ortsbestimmung könne man sich wohl verlassen, erklärte der Alte den Damen auf der Brücke, aber nicht immer auf die Natur. Er sprach von veränderlicher Kimmtiefe, Abweichung der Sonne von ihrer Bahn zur Zeit der Kulmination, und er schummelte sogar mit der Verschiebung des Himmelsäquators gegen den Greenwicher Stundenwinkel. Für den Fachmann haarsträubende Unmöglichkeiten, aber für die Damen Grund genug, scharf Ausguck zu halten, denn jede wollte Fragile zuerst entdecken.
Aber die Kaffeezeit verging, und das Abendbrot wurde hastig zu sich genommen, weil die Herren auf der Brücke „das Flugfeuer von Las Palmas bereits im Funkpeiler hatten". — Jedoch als nun selbst um Mitternacht noch nicht die Lichter von Fragile über der Kimm waren, begaben sich die beiden enttäuscht zur Koje.
Und am anderen Morgen noch nichts.

„Herr Kapitän, wir verstehen das nicht", sagten sie beim Frühstück im Salon. „Ich wohl!" — Kruse faltete bedächtig seine Serviette zusammen, verstaute sie akurat in dem Papieretui und stellte die Frage: „Können Sie Englisch?" „Aber ja!" entrüsteten sich beide zugleich.„„Na?!" zweifelte er, und seine Augen leuchteten vor stillvergnügter Schadenfreude, „wenn das man stimmt. — Dann sehen Sie doch mal nach, was Fragile heißt!"
Das Verhältnis der beiden „Paschajösen" zur Schiffsleitung hat mit dieser Begebenheit einen tüchtigen Knacks bekommen. Fragile hieß nämlich und heißt noch heute: Zerbrechlich.

Erinnerungen eines alten Knaben

„Jede Relatschon hat so ihre Besonnerheiten", antwortete der ehemalige und pensionierte Bootsmann Max Sievers eines Tages auf die entsprechende Frage eines weit entfernten Verwandten, der aus dem Binnenland zu Besuch gekommen war. Daß man überall was „erleben" könne, das sei aber sehr zweifelhaft.
„In Australien zum Beispiel, wenn man da nach so'n langen Törn an Land geht, da is un is nix los. Da darf man sich noch nich mal auf jede Bank setzen, die da überall in'e Parks rumstehn. ‚Ladies only' steht da an'e Rückenlehne, so puritanisch sind die da!
Wenn du allerdings nach Südamerika kommst", fuhr Maxe fort, „zum Beispiel Porto Alegre . . . "
Hier wurde seine Phantasie entscheidend gebremst, denn seine leidgeprüfte Frau Anna, geborene Mevissen, rief ihn zur Ordnung. „Max!!!" schnaubte sie — und das genügte. Er beschränkte sich augenblicklich auf die Beschreibung der landschaftlich reizvollen Lage dieses Hafens.
Da er aber die ganze Welt bereist hatte und sein entfernter Vetter offenbar Näheres darüber hören wollte, und ein ziemlich nördlicher Grog, den die drei an jenem Winterabend in der guten Stube zu sich nahmen, direkt dazu anregte, erzählte er trotz der drohenden Miene seiner besseren Hälfte von Straits Cabaret in Singapur und dem Retiro-Park von Buenos Aires. Natürlich lagen diese Erinnerungen alle weit vor seiner Eheschließung, was er zwischendurch des öfteren betonte.
Als er nun von den Mädchen auf Kuba anfing und daß man zu „seiner Zeit" in Schanghai schon für ein Stück Seife als Zahlungsmittel allerlei hätte erreichen

können, fuhr seine Anna dazwischen. Mißbilligend, ja geradezu verächtlich rief sie, um den unkeuschen Erinnerungen ihres Mannes ein Ende zu setzen: „In dscheden Hafen ne annere Braut . . .!"
„Erstens is sowas nich 'ne Braut", widersetzte sich Sievers kühn diesem als drohende Mahnung wohlverstandenen Zwischenruf seiner Gattin, „und zweitens", fuhr er halb geringschätzig, halb triumphierend fort und bekräftigte damit seinen Willen, weiter in Erinnerungen zu schwelgen, die ihm in dieser großen Stunde zur Gegenwart geworden waren: „Wir laufen ja gar nicht jeden Hafen an!"

Frachtaffen, arme Schweine und Hammel

Es ging um eine Partie Autos für den Mittelmeerhafen Benghasi, für die keine Bodenladung gebucht worden war. Schon für einen Laien ist es verständlich, daß die Blechdächer von VWs keine sonstige Ladung vertragen, es muß also zuvor etwas anderes — in diesem Falle vorzugsweise Mehlsäcke für das makkaroniorientierte Nordafrika — darunter geladen werden.
Trotz diverser Erschwernisfaktoren wie Akkreditivverfälle, zeitdrückende Konnossementsklauseln und fällige Zollpapiere hatte der Reedereiinspektor Kapitän Seekamp die Herren der Ausgehenden Fahrt aufgrund dieser Fehlbuchung in Bausch und Bogen mit „Frachtaffen" bezeichnet. Das hatte Kreise gezogen, weil damit ja auch der Prokurist dieser Abteilung gemeint war.
Man war sich derart in die Haare geraten, daß der Inspektor damit drohte, die Direktion anzurufen, um diese „ewigen Fehl- und Überbuchungen als auch die damit verbundenen gewaltigen Umstaukosten" anzuprangern.
Natürlich hatte er recht. Die Herren in der Frachtabteilung in gewisser Weise aber auch, denn es waren Männer, die was von ihrem Fach verstanden. Und nicht nur vom Fach — auch von der menschlichen Seite ihres Jobs. Johannes Witt als Leiter der Abteilung bewies es, als er Seekamp zu einer „vernünftigen" Regelung der Angelegenheit nach Feierabend in den „Spitzen Giebel" einlud.
Da saßen die beiden Kampfhähne nun voreinander, aber keiner hatte Lust zu streiten, und schon nach den ersten Schnäpsen hatte Witt in wenig frommer Denkart über ihre gemeinsame Branche bekundet: „Wir sind *alle* arme Schweine!"
Darauf hatte Seekamp in durch die diversen „Kleinen Lagen" gehobener und da-

mit ausgeglichener Stimmung geantwortet: „*Ich* möchte Ihre Stellung nicht haben!“
Das damit erwiesene menschliche Mitgefühl und der Alkohol, der bei Witt offenbar ebenfalls eine erfreuliche Wirkung hervorgerufen hatte, veranlaßten diesen zu der spontanen Äußerung: „Ich heiß' Dschohann! Sag' du man du zu mir! Und wenn ich auch bloß 'n oller Frachtaffe bin und du 'n richtiger Kapitän, aber eins seid ihr alle, ihr Herren aus der Großen Fahrt: Hammel!“
„Nee?!?!“ Seekamp knallte sein Glas auf den Tisch, daß der Schnaps überschwappte. „Dascha eigenartig! — Kaum daß wir uns vertragen haben, fängst du schon wieder an!“
„*Ich* doch nicht!“ wehrte sich Johannes Witt energisch. „*Ihr* wollt doch immer die besten Seefahrer sein!“
„Das sind wir auch!“ erboste sich Seekamp ebenso energisch, weil er mit Recht befürchten mußte, daß man seine Berufs- und Standesehre angreifen wollte.
„Ja — kiek an!“ triumphierte Witt. „Dann lies man mal nach, was in dem zweiten Band von ‚Die Ladung‘ steht! — Auf Seite 378!“
Anderntags saß Seekamp stark verkatert an seinem Schreibtisch. Er überdachte die diplomatischen Beziehungen zur „Ausgehenden Fahrt“, und langsam dämmerte ihm, daß er einen neuen Freund gewonnen hatte. — Johannes Witt hatte ihn jedoch noch an dem gleichen Abend, an dem diese Freundschaft entstanden war, einen Hammel genannt.
Mechanisch langte Seekamp in seinen Schreibtisch und angelte das besagte Buch hervor.
Und da stand es. Zweifellos. Wenn auch möglicherweise etwas anders gemeint als von Johannes Witt, aber immerhin. Schwarz auf weiß hieß es da (eigentlich um den Ladungsoffizier unter der Rubrik „Viehtransporte“ mit der Mentalität mehr oder weniger wilder Tiere bekanntzumachen): Hammel sind die besten Seefahrer.

Weihnachten in Rabaul

Handelsschiffe, die überall auf der Welt herumschippern, stellen naturgemäß ein beträchtliches Volksvermögen dar. Dieses bei Ausbruch des Zweiten Weltkrieges zu sichern, war eine ziemliche Sorge der Seekriegsleitung. Die Kapitäne wurden vor ihre zuständigen Kriegsmarine-Dienststellen zitiert und über den Ernst der Situation aufgeklärt. Zwei versiegelte Kuverts wurden ihnen in die Hand gedrückt und der Marine-Schlüssel „H" (Handelsschiffe), mit dem sie die chiffrierten Telegramme lesen konnten, die damals in bestimmten Intervallen von Norddeich-Radio ausgestrahlt wurden und empfangen werden mußten — auch in den Häfen, was bisher nicht üblich gewesen war.

Die Auflage, das Schiff nach einer eventuellen Torpedierung nicht in einer Wassertiefe von weniger als vierzig Metern sinken zu lassen, weil der Feind dann die Geheimdokumente — voran den Code und die versiegelten Kuverts — durch Taucher würde bergen können, brachte manch bravem Mann plastisch zum Bewußtsein, daß es Kriegsgerichte geben würde.

Schon lange vor Ausbruch des Krieges waren es also die Funker und Kapitäne, die sich mit diesem lebensgefährlichen Unfug befassen mußten.

Zu dieser Zeit, oder besser gesagt zur Zeit der Tschecheikrise im Oktober 1938, befand sich der Lloyddampfer FRIDERUN in Hongkong und löschte seine Ladung, die er an all den kleinen Plätzen zwischen Neuguinea und den Christmas-Inseln als Zubringer geladen hatte.

Die Funkbude war seitens der britischen Hafenbehörde versiegelt worden, und so hielt der Kapitän sich an die Weisungen des deutschen Konsuls, den er regelmäßig besuchte.

Eines Tages kam er im Sturmschritt von einer solchen Visite zurück und befahl den Abbruch der Löscharbeiten. Der Kessel stand unter Dampf, und nachdem man die Leinen losgeworfen hatte, ging die FRIDERUN ohne Schlepperhilfe augenblicklich in See. Der Grund war folgender: Unbekannte hatten die Telefonleitungen des deutschen Konsulats durchschnitten, und so mußte man annehmen, daß der Krieg jeden Augenblick ausbrechen würde.

Die Orders, was in diesem Falle zu tun sei, lagen versiegelt in den beiden Kuverts. Der Kapitän durfte sie nicht öffnen, weil kein telegrafischer Befehl hierzu vorlag, denn die einzige Verbindung zum Oberkommando der Kriegsmarine war mit dem Schnitt durch die Telefonleitungen unterbrochen.

Aus diesem Grunde hatte der Konsul das Schiff auf eigene Faust zu dem neutralen chinesischen Hafen Keelung in Marsch gesetzt.

Da die Tschecheikrise mit dem Münchener Abkommen jedoch nochmal glimpflich abgelaufen war, konnte die FRIDERUN ihre friedlichen Geschäfte wieder aufnehmen.

Die politische Lage war aber ja noch keineswegs geklärt, und so stand der Kapitän vor einer schweren Entscheidung, als an dem darauffolgenden Weihnachten fast die gesamte wachfreie Besatzung am Heiligen Abend in dem unter britischem Mandat stehenden Rabaul an Land gehen wollte. Es war damals in Ostasien üblich, derartige Anlässe in Clubs und Casinos zu feiern.

Die Folge war der äußerst seltene Fall eines Schiffsrates, wobei zuerst der jüngste Offizier nach seiner Meinung gefragt werden muß, damit der sich nicht einfach derjenigen seiner Vorgesetzten anschließt.

Da ersterer aber besonders jiperig darauf war, an Land zu kommen, weil sogar noch ein weibliches Wesen auf ihn wartete, ist es überflüssig, den Ausgang der Beratung zu beschreiben.

Als nun das Schiff einsam und verlassen an der Pier lag, da kam ein Bote mit einem verschlüsselten Telegramm an Bord.

„Dor hebbt wi dat!!!“ Der Alte schob augenblicklich die Schuld auf den III. Offizier, der sich nun irgendwo an Land herumtrieb.

Er befahl, sofort Dampf aufzumachen, die Leinen aufzukürzen und vor allem, schnellstens und irgendwie die Besatzung wieder zurückzuholen. Die hierbei übliche Praxis, wütend die Dampfpfeife zu betätigen, war ausgeschlossen, weil ja nun Krieg herrschte, und man hätte die englische Hafenbehörde unnötig darauf aufmerksam gemacht, daß man vor ihr ausreißen wollte.

Erst als alles arrangiert war, um eiligst und heimlich den Hafen zu verlassen, nahm sich der Kapitän das Telegramm vor, um es zu entschlüsseln.

Was dabei herauskam, war in der Tat verblüffend. Mit einem süßsauren Lächeln und der Bemerkung: „Diese dösigen Büroknüppel!“ reichte er den Klartext seinem I. Offizier, der darob schallend zu lachen begann, denn eine Blamage war ja immerhin noch besser als ein Zweiter Weltkrieg.

Das Telegramm lautete:

kapitän und besatzung dampfer friderun
frohe weihnachten und ein glückliches neues jahr
norddeutscher lloyd

Auf Kollisionskurs

Wenn Schiffe sich im Hafen, auf dem Revier oder auf See begegnen, dann sind sie selbstverständlich an bestimmte Ausweichregeln gebunden. Da gibt es nicht einfach links und rechts, sondern Beachtung der Fahrwasserbezeichnungen, der Sichtverhältnisse und der Möglichkeit, überhaupt den Kurs ändern zu können oder zu *dürfen.* Kurssignale müssen gegeben werden, und am schwierigsten ist die Navigation bei besonders dichtem Verkehr. Dieses Thema wird an den Seefahrtschulen dann auch gebührend gepaukt.

Eine entsprechende Aufgabe lautet etwa folgendermaßen: Nachts auf der Brücke eines sich in Fahrt befindlichen Schiffes erkennt man an Steuerbord die Lichter eines Schleppzuges mit Anhang, rechts voraus die Seitenlampen eines Dampfers und an Backbord fünf Fischereifahrzeuge sowie achteraus zwei Fahrzeuge, die zum Überholen ansetzen. Erklären und begründen Sie die einzuleitenden Manöver.

Natürlich wird die Sache noch durch genaue Positionsangaben, Fahrtstufen und exakt zu steuernde beziehungsweise zu ändernde Kurse der einzelnen Beteiligten kompliziert, und außerdem bewegt sich eine derartige Schiffsansammlung immer direkt auf das „in Fahrt befindliche Schiff" zu.

Eine solche Aufgabe war während einer Klassenarbeit zu beantworten, und 25 junge Männer, die zuvor als Matrosen mit Pinsel und Rosthammer umgehen mußten, brüteten darüber, um eine Kollision zu vermeiden.

Nur der Schüler Bernd Hagemann saß mal wieder da und hatte das Problem offenbar bereits gelöst. Er gab sich auch keine Mühe zu verheimlichen, daß für ihn die Sache erledigt sei. Schließlich war er nicht nur der Primus der Klasse, sondern solchen läppischen Situationen gewachsen, weil er erstens als Offiziersanwärter und dann nicht nur bei irgendeiner Reederei, sondern beim Norddeutschen Lloyd Dienst getan hatte.

Letzterer Tatbestand, mit dem er mehr als nötig renommierte, hatte gelegentlich bereits zu kleinen Reibereien zwischen ihm und seinem Lehrer geführt, der vor seiner Zeit als Dozent an der Seefahrtschule an Bord eines Argo-Dampfers Kapitän gewesen war.

Als dieser nun die Arbeiten durchsah, blieb ihm die Spucke weg. Da hatte doch der Bengel einfach die Fahrt aus dem Schiff genommen, durch einen Druck auf die entsprechenden Knöpfe die normalen Positionslampen gelöscht und dafür zwei rote Rundumlichter gesetzt. Als manövrierunfähiges Fahrzeug hatte er damit alle anderen gezwungen, *ihm* auszuweichen.

Aber Kapitän Dallmann war im weitesten Sinne des Wortes ein Menschenfreund. Er wertete diese Eskapade eines talentierten, aber noch ungefestigten Charakters nicht allzu hoch. Um „Maßnahmen" zu vermeiden, die einem guten

Verhältnis nur geschadet hätten, schrieb er lediglich ein paar passende Worte unter die Aufgabe.
In ebenso erfreulicher wie gründlicher Weise nahm er damit dem jungen Mann den Wind aus den Segeln. Dick unterstrich er den Satz:

Hut ab vor jedem Lloyddampfer —
auch wenn er manövrierunfähig ist!

Revierfahrt

Hermann Hoyer war bereits I. Offizier, aber den Ernst des Lebens, den hatte er noch nicht erfaßt beziehungsweise war noch nicht davon erfaßt worden. Mit anderen Worten: Er hatte noch nicht den Dreh gefunden, in den heiligen Stand der Ehe zu treten. Mit noch anderen Worten: Er war ein Windbüdel.
In Bremen hatte er zum Beispiel zwei Freundinnen. Diese beiden beglückte er jedesmal, wenn sein Schiff wieder da war. Nun aber nicht zugleich, sondern umschichtig. Mal die eine und die nächste Reise die andere.
Das konnte er aus guten Gründen tun. Erstens hatten beide keine Ahnung, wie es bei der Seefahrt wirklich zugeht, und zweitens waren die Schiffe der Neptun-Reederei, bedingt durch die kurzen Reisen, sehr oft zu Hause. Und die ARION, auf der Hermann Hoyer Dienst tat, fuhr geradezu mit exakter Fahrplanmäßigkeit.
Daß die eine der beiden — es handelte sich um ein Mädchen namens Monika — aber doch nicht so ganz unbedarft war, bewies sie, als sie eines Tages anhand einer Landkarte seinen Kurs verfolgte und ihm die Frage nach der Marschgeschwindigkeit seines Schiffes stellte.
Hermann war aber nicht so leicht aus der Fassung zu bringen. Ohne rot zu werden sagte er: „Die Neptun-Schiffe sind alle so langsam wie eine Laus auf einer geteerten Persenning. Deshalb nennt man uns ja auch das Filzlausgeschwader."
Vermutlich war es aber gerade diese Äußerung in jener unglaublichen Übertreibung, die den Argwohn der Dame noch weiter schürte. Jedenfalls sagte sie ihm acht Wochen später auf den Kopf zu, daß er sie eine Reise „überschlagen" habe.
Hermann rettete die Situation mit allem, was eine Reise so verzögern kann, wie Nebelfahrt, Kolbenfresser und mit enorm langen Liegezeiten in den Häfen. Aber der Keim zu einem tiefen Mißtrauen war gelegt.
Trotzdem wären die Beziehungen zu den beiden Damen wohl noch lange glattgegangen, wenn man nicht in der Frachtabteilung der Neptun eine Ladung

Esparto-Gras gebucht hätte, die von Ceuta nach England bestimmt war. Das bedeutete, daß die ARION heimkehrend nicht nach Bremen kam, sondern nach Manchester ging, um von dort aus gleich wieder die Ausreise anzutreten.
In Anbetracht des gespannten Verhältnisses zu seiner Monika schrieb er ihr von dieser Waltung des Schicksals, um berechtigte Zweifel auszuschalten und unnötige Komplikationen zu vermeiden.
Aber wie zu erwarten war, hat sie seine Zeilen weniger mit Wohlwollen als vielmehr mit gründlichem Mißtrauen gelesen. Dabei stellte sie fest, daß Manchester mitten im Binnenland liegt und nur durch ein Gewässer mit der See verbunden ist, welches man auch bei objektivster Betrachtung nur als Schlickgraben bezeichnen kann.
Die Unglaubwürdigkeit seiner Darstellung läge somit auf der Hand, schrieb sie und bezichtigte ihn brieflich der glatten Lüge, während sie gleichzeitig den Fortbestand ihrer Beziehungen auf eine ultimative Ebene stellte.
Hermann Hoyer, der durch seine windige Lebenseinstellung gar nicht zu irgendwelchen konkreten Zusagen oder gar Bindungen neigte, hätte diesen Brief vermutlich unbeantwortet gelassen und sich in bezug auf eine Klärung der Angelegenheit auf irgendwelche guten Sterne verlassen, aber hier ging es um etwas anderes: Seine Freundin Monika hatte in nahezu beleidigender Form die Frage gestellt, daß ein Neptun-Schiff überhaupt nach Manchester gelangen könne. Und *das* geht nun mal einem richtigen Seemann an die Ehre. Schließlich war es keine Kaffeetour, mit diesem verhältnismäßig großen Schiff derart enge Gewässer zu befahren. Das war im Gegenteil zwar eine alltägliche, aber nicht zu unterschätzende Leistung, die von einer Frau nun so schmählich abgetan wurde.
Um ihre Beschuldigungen und Verdächtigungen zu entkräften, aber vor allem, um der Dame mal zu demonstrieren, wozu man bei der Neptun in der Lage war, schrieb er ihr einen Brief, der nur den einen folgenden, zutreffenden, ja geradezu treffenden Satz enthielt:

Und ist der Fluß auch noch so klein,
ein Neptun-Schiff paßt doch hinein!

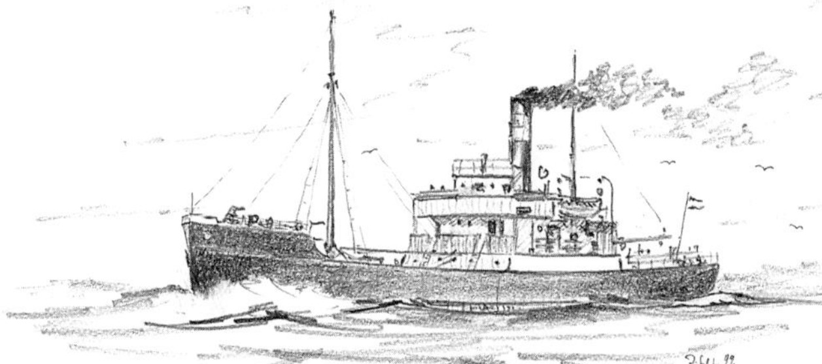

Kalli Bredehöft

An einem Heiligen Abend lag der Dampfer SCHWABEN in Adelaide an der Colonial Wharf. Selbstverständlich wurde nirgends im Hafen gearbeitet, und so hatte man auch an Bord Zeit und Muße, das große Fest feierlich zu begehen. Wie auf den meisten deutschen Schiffen versammelte auch hier der Kapitän seinen Stab um sich, um „die Leute“ in ihrer Messe zu besuchen.

In schneeweißer Tropenkluft schritten die drei obersten Herren — Kapitän, I. Offizier und der Chief — zu diesem Zweck über Deck nach achtern, und der Schiffsjunge rief: „Sie kommen!“

Glatt rasiert, in pieksauberer Khaki-Montur und mit einer der Größe der Angelegenheit entsprechenden Unruhe wurden sie von den Heizern und Matrosen erwartet.

Die Sache lief zunächst ganz zwanglos an, als der Kapitän „Fröhliche Weihnachten!“ sagte.

„Fröhliche Weihnachten!“ ertönte es im Chor, und man war beiderseits froh darüber, seinen Teil zu diesem gesellschaftlichen Ereignis beitragen zu können.

Als nächstes befaßte sich der Kapitän mit dem Weihnachtsbaum, dessen Kerzen in der Hitze krumm geworden waren und deren Lichter im Luftzug zweier Ventilatoren flackerten. „Sehr schön, der Baum“, sprach er jovial.

„Jawohl, Herr Kap'tän!“ erklang das allstimmige Echo.

Nun nahmen die drei Herren Platz und mit ihnen die Seeleute. Aber die obligate Ansprache des Alten war so trocken wie die australische Wüste und wohl auch so leer, und als die drei würdevoll über Deck und von dannen schritten, hatten sie eine Stimmung hinterlassen, die gar nicht zu der Mentalität ihrer Männer paßte. Einer wollte sogar ein Weihnachtslied anstimmen.

Jedoch der Heizer Kalli Bredehöft, ein Mann mit zwar nicht gerade besonders hoch entwickelten Geistesgaben, aber einem gesunden Menschenverstand, der tat das, was doch kommen mußte. Er knallte sein Grogglas (Grog muß sein, treudeutsch, auch wenn der australische Sommer selbst schon glühend heiß war) auf den Tisch, und von da ab wurde es ein durchaus „fröhliches“ Fest. „Weihnachten?!?!?“ rief er laut und vernehmlich, „das *ignorieren* wir einfach gar nicht!

Prost!!!“

Mann über Bord

An einem Junitage des Jahres 1950 bestätigte Norddeich-Radio die Meldung der TINNUM, daß sie soeben im Begriff stehe, die Enge zwischen Europa und Afrika zu passieren. Kurz darauf empfing man im Kontor der Reederei dieses fernschriftlich weitergeleitete Telegramm: passieren gibraltar stop eta algier 1320. ETA ist die englische Abkürzung für voraussichtliche Ankunft, die auch heute, im Zeitalter programmierter Schiffsmaschinenbetriebe, üblich und notwendig ist, denn es ist immer noch nur ein Wunsch der Reeder, daß ihre Schiffe pünktlich sind.
Am Ruder der TINNUM stand ein Jungkerl, und auf dem Lotsenbock saß der Wachhabende. Beide hingen ihren Gedanken nach, die allerdings recht unterschiedlich waren. Ersterer rechnete im Geist mit der Möglichkeit eines Landbummels in Algier, während der II. Offizier bereits eine schnelle Rückreise vorauskalkulierte. Im Gegensatz zu dem Jungmann war ihm eine längere Liegezeit in Algier nicht sonderlich willkommen, denn er hatte Familie, und was ist wohl schöner, als bei Muttern zu sein.
Immerhin träumten beide von Dingen, die ihnen gerade am angenehmsten erschienen, und die äußeren Umstände waren nicht dazu angetan, diese Situation zu stören. Draußen lachte die Sonne, aus der Funkbude ertönte leise und vertraut das emsige Morsen und Piepen, und es roch behaglich nach Kaffee, den der Steward gerade heraufgebracht hatte.
Aber mit des Geschickes Mächten ...
Plötzlich rackerte jemand an der dichtgeschobenen Ruderhaustür, aber der Keil, der deren Geklapper in ihrer Führung verhindern sollte, verklemmte sich derart, daß die Tür nicht mehr vor- noch zurückging. Wild gestikulierend stand der Ruhestörer hinter der Scheibe, und im Nu war die Gemütlichkeit dahin. Mit einer wütenden Gebärde zeigte der Zweite den Weg um das Kartenhaus herum. Der Mann solle gefälligst die offene Tür an Lee benutzen.
Atemlos keuchte jener dann: „Ein Assi ist weg! — Über Bord! — Nirgends zu finden!"
Das war höchster Alarm, und blitzartig wurde es lebendig an Bord. Der Maschinentelegraf klingelte; beide Boote wurden klargemacht und eben über die Wasseroberfläche gefiert; Zeissgläser wurden verteilt, und der Funker jagte eine Mann-über-Bord-Meldung in den Äther. Die TINNUM drehte und lief auf Gegenkurs zur mutmaßlichen Unfallstelle zurück. Der englische Dampfer GARRINGTON und ein ESSO-Tanker beteiligten sich bereits an der Suche. Gibraltar-Radio hatte den Notruf der TINNUM aufgefangen und gab die Meldung per Sprechfunk auch an die Schiffe weiter, die nicht über Funktelegrafie verfügten, sondern nur über UKW. — Eine Welt war in Aufruhr.

Die TINNUM im Mittelmeer

Öl auf Leinwand, 40 x 60 cm

Die Herren, die das Glück hatten, im vorderen Aufbau des Schiffes zu wohnen, konnten fast nichts von dem enormen Maschinenlärm hören. Aus dieser Sicht war das für sie also eine recht geruhsame Seefahrt. Solch eine Ruhe kann aber sehr plötzlich und sehr heftig gestört werden ...

Als das Schiff die Stelle erreicht hatte, wo der Vermißte nach Rechnung zuletzt gesehen worden war, stoppte der Kapitän das Schiff.
Gespannt waren aller Augen auf die Wasseroberfläche gerichtet. Nach allen Seiten wurde scharf Ausguck gehalten, aber nichts war zu sehen — kein Kopf auf der weiten Wasserwüste.
Damals nahmen die Mittelmeerschiffe noch Passagiere mit, und im Sommer waren immer alle zwölf Plätze der TINNUM belegt.
Als Kapitän Gerdes diese Begebenheit erzählte, konnte sich Frau Lena Johannsen, die sich infolge einer Erbschaft den Luxus einer Seereise gönnte, die Bemerkung nicht verkneifen: „Dascha gräsig, Herr Kapitän! Der arme Kerl!"
„Der arme Kerl?" wiederholte Gerdes geringschätzig. „Dösig war der! — Der hat die Kühlanlage im Proviantraum kontrolliert, und als wir querab von Tarifa den Kurs geändert haben und das Schiff anfing zu rollen, da ist ihm die Tür zugeschlagen. — Und der Vorreiber hatte innen keinen Griff . . ."
„Denn ist der ja gar nicht über Bord gefallen?!"
„Nee! — Aber gerettet haben wir ihn doch", konterte Gerdes und wollte fortfahren. Aber bevor er zu dem Schluß der Geschichte kommen konnte, was noch alles passiert war, wie die funktelegrafische Aufhebung der Notmeldung, bei der man sich mit allerlei Gemogel nicht vor aller Welt blamieren durfte, und der diverse Telegrammverkehr mit der Reederei, Änderung der ETA-Aufgabe für Algier, Eintragung des Assis ins Journal und die gleichzeitig verabreichte verheerende „Zigarre", widersprach die Johannsen pikiert: „Da war ja nu wohl nichts zu retten!"
Befremdet und irritiert durch dieses „Zwischengequake" antwortete der Alte grantig und ohne Lust, das Garn weiterzuspinnen: „Da bin ich aber anderer Meinung. Den hätten Sie nämlich mal sehen sollen. Drei Stunden hat der zwischen halben Schweinen, Speckseiten und Würsten zugebracht — in Hemd und Hose — bei *minus* achtzehn Grad. Vor Kälte geklappert hat der wie 'ne chinesische Gebetsmühle. So! — Und wenn der Koch nicht kurz vor dem Abendbrot noch was aus dem Kühlraum benötigt hätte, dann wäre der Assi nicht ertrunken, denn wäre der nämlich erfroren.
Und *da* können Sie jetzt ja wohl *nicht* mehr gegenangehen!"

Aber die Johannsen ging nochmals wieder wo gegenan. Allerdings zum letzten Mal. Und auch nicht direkt. Sie hatte lediglich die Angewohnheit, sich in den Vordergrund zu spielen. Bewußt oder unbewußt ignorierte sie es, daß an Bord eines Schiffes der Kapitän die erste Geige spielt.
Durch ihre Erbschaft offenbar reiselustig geworden, war sie vor ihrer Fahrt auf der TINNUM mit einem Wochenboot der Argo-Reederei in London gewesen und beschrieb nun im Salon die Binsenwahrheit, daß es dort oft sehr nebelig sei.

„Ne Waschküche, kann ich Ihnen sagen, ist nichts dagegen. Man kann die Hand vor Augen nicht sehen. London ist die Stadt mit dem dicksten Nebel der Welt."
„Ist sie nicht!" protestierte Gerdes gnatterig und fügte bissig hinzu: „Wir haben nämlich mal einen Hafen angelaufen, da war es noch viel nebeliger."
„Och...?" zweifelte die Johannsen. „Wo war *das* denn?"
„Das weiß ich auch nicht", rief er. „Das haben wir nicht feststellen können."
„Und warum nicht?"
„Weil es dazu zu *dick* war!" knurrte Gerdes.

Hängebauch im Sonnensegel

Gerd Renken, seines Zeichens I. Offizier an Bord der TINNUM, war eines Tages im Morgengrauen von einem Landbummel zurückgekommen. Seine überaus gute Laune basierte auf der Tatsache, daß er diesen Bummel nicht allein unternommen hatte, sondern in Begleitung einer besonders reizvollen Passagierin.
Nun stand er auf dem Bootsdeck und genoß die beinahe feierliche Stille, die vor Arbeitsbeginn über dem Hafen von Beirut lag.
Aber wie so oft im Leben, dieser wohltuende Friede barg in sich bereits den Kern des Bösen:
Nirgends war der Wachmann zu sehen, und als Renken sich auf den Weg machte, ihn zu suchen, da war der Matrose weder an Deck noch in der Kombüse und auch nicht in der Mannschaftsmesse zu finden. Aber was so ein rechter I. Offizier ist, der kennt die Schliche seiner Seeleute. Gerd nahm die Sonnensegel in Augenschein, und siehe da — an der Backbordseite über dem Bootsdeck hatte es einen verdächtigen Hängebauch.
Er bestieg die Treppe zum Bootsdeck, um den Fall von oben betrachten zu können — und tatsächlich, dort lag er, der Matrose Behrens. Friedlich hob und senkte sich seine Brust, und den Clou zu dieser Idylle bildete ein — Wecker.
Renken, weit davon entfernt, seine gute Laune dadurch ruinieren zu lassen, eilte ein Deck tiefer ins Ladebüro und schrieb dort auf einen Zettel die bei der Seefahrt geflügelten Worte „Ein guter Wachmann hat morgens ausgeschlafen!" und klemmte ihn in den Henkel des Weckers. Alsdann begab er sich — immer noch gut gelaunt und ohne den Sünder geweckt zu haben — zur Koje.
Als Behrens nun aufwachte, da kam der große Schreck in der Morgenstunde. Zunächst noch verschlafen nach dem Wecker angelnd, schoß er plötzlich mit

einem Satz in die Höhe. Unsicher auf der schwankenden Persenning stehend, starrte er entsetzt auf die „Botschaft".
Es war ganz sicher: An Bord der TINNUM würde niemals mehr ein Wachmann schlafen. Als dickes Ende hatte Renken nämlich auf den Zettel geschrieben:

„Ein guter I. Offizier
schläft *nie*!"

Großrazzia

An der Nordseeküste gibt es ein kleines idyllisches Städtchen, das selbst heute noch nicht seine schmiedeeiserne Fachwerk-Gemütlichkeit verloren hat.
Wie es in anderen Gegenden Deutschlands eine Universität ist, in Elsfleth bestimmte eine Seefahrtschule das Bild der Stadt.
Natürlich hat sich aber auch hier im Wandel der Zeiten einiges geändert. Längst ist es zum Beispiel nicht mehr der Fall, daß ein Steuermannsschüler nur dann sein Patent erhält, wenn er gleichzeitig eine Tochter des Landes ehelicht. Die breite Front ebenso hoffnungsvoller als auch energischer Schwiegermütter bestimmte damals jedoch den Ablauf der Ereignisse, die für das Städtchen von weitreichender Bedeutung waren. Wenn es anderswo Schützenfeste gab, hier wurde gefeiert, wenn ein Steuermannskursus oder ein Kapitänslehrgang beendet war.
Da Seeleute eine längere Zeit ununterbrochen nur dann an Land sein können, wenn sie die Schule besuchen, war es allerdings auch nicht verwunderlich, daß sie gerade dann auf Brautschau gingen. Im großen und ganzen herrschte also ein harmonischer Gleichklang zwischen Angebot und Nachfrage, und was am kräftigsten gefeiert wurde, das waren die diversen Polterabende.
Als nun Anton Bruns dran war, in den Ehestand zu treten, weil er die „Zwischenprüfung zum Seesteuermann auf Großer Fahrt" mit Gut bestanden hatte und eine der bereits erwähnten Schwiegermütter diesen Grund für ausreichend betrachtete, alles zu arrangieren, da rüsteten seine zu den tollsten Streichen aufgelegten Kameraden, um dieses Ereignis tüchtig zu würdigen.
Daß es an jenem Abend regnete, ja wolkenbruchartig goß, das konnte die Seeleute nicht erschüttern. Auch jene neun Mann nicht, die alle in unmittelbarer Nähe der Schule wohnten und den weitesten Anmarschweg hatten. Man war schließlich schon in Taifune, Hurrikane und Tornados geraten und gegen einen gewöhnlichen Landregen besser gewappnet als nötig. Standesgemäß zogen sie also los: in Gummistiefeln, Ölzeug und Südwestern.

Als besonderen Knalleffekt trugen sie zwei Säcke voller aneinandergebundener Konservendosen mit sich, um den landesüblichen Krach, der dem Namen Polterabend alle Ehre machen sollte, zu inszenieren.
Als sie nun die Bleibe der Braut suchten, an diesem unwirtlichen und dunklen Herbstabend, da boten die vermummten Gestalten einen denkbar ungewöhnlichen Anblick. Und als sie dann noch in Unkenntnis der genauen Adresse in der falschen Straße suchten — und dazu systematisch mit alle Mann durch die Vorgärten der Häuser geisterten, um das richtige Namensschild zu finden, da taten wachsame Bürger des Städtchens das einzige, was in einem solchen Falle richtig schien: Sie verständigten die Polizei. — Eine Diebesbande sei unterwegs, die bereits säckeweise gestohlenes Gut bei sich führe.
Da so etwas in den Ohren des wachhabenden Polizisten recht unglaubwürdig geklungen haben muß, die Vielzahl aufgeregter Anrufer aber an der Wahrheit nicht mehr zweifeln ließ, veranstalteten die Gesetzeshüter eine Großrazzia, wie sie in dem Städtchen bis dahin noch nicht vorgekommen war. Benachbarte Reviere wurden mobil gemacht, und als die Steuermannsschüler auf dem Grundstück der Witwe Meier gerade wieder ihren falschen Kurs ändern wollten, da flammten Taschenlampen auf, uniformierte Schupos sprangen über Jägerzäune, und aus mehreren Stimmen zugleich erscholl die Aufforderung: „Halt! Polizei!"
Entsetzt müssen unsere Helden in das grelle Licht geblickt haben. Aber nicht lange. Schon nach einer einzigen Schrecksekunde hatte Egon Wolters — als Schüler miserabel, aber in praktischen Dingen furchtlos und entschlossen — erkannt, wie die Situation erstklassig zu meistern war. Er fragte die *Polizei* nach dem Weg.
Und als jene Herren erkannt hatten, daß die „Diebesbande" nur mit leeren Blechdosen bepackt war und wofür, da zogen sie los: Fünfundzwanzig Mann, gemeinsam, voller Tatendrang, brüderlich und durstig.
Es soll ein gewaltiger Polterabend geworden sein.

Ankermanöver

Der I. Offizier Grabbe und der Zimmermann Justus Klapproth duzten sich. Aber nicht aus Freundschaft. Im Gegenteil. Die beiden waren vor Jahren einmal unter Wegfall aller Höflichkeitsformen derart aneinandergeraten, daß sie auch danach nie wieder die unter feinen Leuten übliche Form der Anrede benutzt haben. So hatte Grabbe den Zimmermann, als die beiden aufgrund einer Schicksalsfügung abermals auf einem selben Schiff fahren mußten, mit den Worten begrüßt: „Fährst du alter Hund immer noch zur See!?!?"
Klapproth war in ähnlicher Form massiv geworden, und es stand ganz außer Zweifel, daß die beiden Männer nicht gewillt waren, sich jemals wieder zu vertragen.
Dessen ungeachtet brachte es aber der Bordbetrieb mit sich, daß sie anläßlich eines bevorstehenden Ankermanövers gemeinsam handeln mußten.
Und das war so:
Ihr Schiff — ein Dampfer älterer Bauart — sollte in die Bremerhavener Kaiserschleuse einlaufen, um an Schuppen 17 eine Teilpartie Papierrollen zu übernehmen.
Da das Schleusensignal eine Unklarheit anzeigte, die ebensogut jeden Moment wieder aufgehoben werden als auch länger dauern konnte, hielt der Kapitän das Schiff mit langsamer Fahrt gegen den Ebbstrom auf der Stelle, um zunächst abzuwarten und nach Möglichkeit ein Ankermanöver zu vermeiden.
In der beinahe kameradschaftlichen Geste (Gottes Stellvertreter hat so etwas nämlich nicht nötig), die beiden Männer von seinen Absichten zu informieren, langte er sich das Sprachrohr, das griffbereit auf dem backbordschen Positionslampenkasten stand, und rief nach vorne: „Noch nix moken!"
Grabbe, der etwas schwerhörig war, hatte das nicht verstanden und wandte sich deshalb an seinen Widersacher mit der Frage: „Wat hett he seggt?"
„Wat he seggt hett?!?!?!" — Klapproth war eigentlich nicht bereit, eine Auskunft zu erteilen, aber während er diese verächtliche Gegenfrage stellte, kam ihm der Gedanke, der ihn für alle erlittene Schmach unter der Fuchtel seines Vorgesetzten entschädigen sollte. Ohne zu zögern und unter rachedurstiger Mißachtung des wahren Sachverhaltes antwortete er: „Fallen Backbord-Anker!"
„Ja! Denn man los!" rief Grabbe. „Leggo!!"
„Leggo!!" wiederholte der Zimmermann, denn Befehl ist Befehl, und drehte die Bremse auf.
Im gleichen Moment polterte die Kette aus der Klüse, und das Unglück war geschehen.
Das Klingeln des Maschinentelegrafen, die Kommandos des Lotsen und das wütende Gebrüll des Kapitäns durch die „Flüstertüte" waren nicht zu über-

hören. Jedoch — Grabbe hatte wieder nichts verstanden. Wenigstens nichts Konkretes.
„Wat hett he nu seggt?“ fragte er den Zimmermann.
Mit verdächtiger Zuvorkommenheit, die den Ersten eigentlich hätte stutzig machen sollen, antwortete Justus Klapproth: „Fallen *Steuerbord*-Anker!“
Daraufhin wiederholte sich der Vorgang von eben, und der Zustand auf der Brücke war perfekt. Der Alte war außer sich, und als der Erste fragte, „was jetzt denn los sei“, da sagte der Zimmermann mit Überzeugung und unverhohlener Schadenfreude: „Nun hat er gesagt, daß du deinen Seesack packen kannst.“
Da Grabbe offenbar auch das noch nicht verstanden hatte, formulierte Klapproth seinen eigenen Epilog zu dieser Tragödie. „Deine Zeit ist um!“ knurrte er. „In der Schleuse kannste an Land gehen! — Und vermutlich für immer! Du alter Hund!“

Land in Sicht

Josef Moosbaur stammte aus Süddeutschland und hatte nach bestandener Mittleren Reife und einer abgeschlossenen Maschinenschlosserlehre den begreiflichen Wunsch, die Welt kennenzulernen. Er beschloß daher, Seemann zu werden.
Kurz vor dem Auslaufen der BÄRENFELS aus Hamburg meldete er sich stolz als Ingenieur-Assistent bei dem Chief des Schiffes, der ihn sogleich in den Maschinenraum schickte.
Das Schiff kam aus der Werft, und an Bord sah es nicht nur verheerend aus, es war auch allerlei „liegengeblieben“. Die Brennstoffleitung zu Hilfsdiesel Nr. 2 leckte, Flanschen mußten nachgezogen werden, und beim Verholen aus dem Dock hatte sich herausgestellt, daß die Werftgrandis im Kühlwasseraustritt des Hauptmotors einen Putzlappen vergessen hatten. Arbeit gab es im Übermaß, und somit war Josef nicht in der Lage, sein als Binnenländer etwas ungewöhnliches Schicksal in Ruhe zu bedenken.
Das war seiner Ansicht nach allerdings auch nicht nötig, denn nachdem man Cuxhaven passiert hatte, wähnte er sich auf dem direkten Wege nach Indien.
Als er jedoch kurz vor Mitternacht verschlafen in den Maschinenraum hinunterkam, um seine erste Seewache anzutreten, da lief die BÄRENFELS gerade in die Bremer Industriehafen-Schleuse ein.

Es verwunderte unseren Seemann aufs höchste, daß der Maschinentelegraf klingelte. Mit weit aufgerissenen Augen starrte er die Männer an, die am Manöverstand nun sogar noch ein Rückwärts-Kommando ausführten.
Während der Maschinentelegraf klingelte, das Telefon schrillte und das ganze Schiff unter der Kraft der linksdrehenden Schraube erzitterte, da erkannte der wachhabende Ingenieur die Fassungslosigkeit seines Neulings. Mit gespielter Nervosität und vorgetäuschter Panik rief er: „Schauen Sie doch mal nach, was da oben eigentlich los ist. Herrgott nochmal, das geht bestimmt nicht klar!"
Josef, der sicher spürte, daß eine Kollision bevorstand, rannte so schnell er konnte die steilen Treppen nach oben.
Als er atemlos an Deck stürzte, da schob sich gerade in greifbarer Nähe die spärlich beleuchtete Schleusenmauer am Schiff entlang. — Und auf der anderen Seite das gleiche Bild.
Spürbar atmete unser Assi auf. Es bestand also offenbar keine unmittelbare Gefahr für sein junges Leben.
Er war aber so durcheinander, daß er den wahren Sachverhalt der Situation überhaupt nicht erkannte. Eilig begab er sich wieder nach unten und meldete das Ergebnis seiner Untersuchung, indem er dem Zweiten aufgeregt ins Ohr schrie: „Keine Gefahr!!!"
„Wat is?!?!?!" brüllte dieser durch den Krach der Maschine.
„Keine Gefahr!" schrie Josef abermals und fügte selbstsicher hinzu: „Land in Sicht! — An *beiden* Seiten!"

Der Zeitball zu Bremerhaven

Bis kurz nach dem Zweiten Weltkrieg stand auf der Mole zur Einfahrt zum Alten Hafen oder wie wir heute sagen: an der „dichtgeschütteten Schleuse" ein hoher weißer Turm als Träger für eine seinerzeit sehr wichtige Einrichtung, den Zeitball. Pünktlich um zwölf Uhr mittags und um dreizehn Uhr fiel er, um den im Hafen liegenden Seglern und Frachtern die auf die Sekunde genaue Zeit zu vermitteln. Vor Antritt einer großen Reise gingen manchmal sogar die Schiffe, die weserabwärts kamen, auf unserer Reede vor Anker, um das Zeitsignal abzuwarten. Ein Beispiel dafür, daß die genaue Zeit für die Navigation — und dafür wird sie benötigt — außerordentlich wichtig ist. War es nicht Graf Luckners entscheidende Kriegslist, mit seinem Hilfskreuzer SEEADLER die Chronometerzeit feindlicher Schiffe zu erfragen, um sie dann zu kapern oder zu versenken?

Der Turm des Zeitballs

Was ist nun eigentlich Navigation? Es gibt zwei Arten: die terrestrische, also die „ländliche", und die astronomische Navigation. Wenn die Hausfrau Meta Oltmann zu ihrer Nachbarin sagt: „Ecke Bürger und Lloydstraße steht 'ne Frau mit Granat", dann hat sie den Ort terrestrisch bestimmt, wo es Krabben zu kaufen gibt; denn die beiden Straßen ergeben als sich kreuzende Standlinien den Standort der Granatfrau. Auf See gibt es nun aber keine Straßen, und so rechnet man mit der geographischen Breite und Länge. Da für die Navigation auf hoher See der Stand der Gestirne maßgebend ist, müssen auch sie an irgendeiner „Ecke" des Himmels stehen. Ihre Standlinien dort nennt man Abweichungsparallele und Stundenkreise.

Damit sind wir bei der astronomischen Navigation, und nur für sie ist die sekundengenaue Uhrzeit erforderlich. Allerdings — damals — lediglich für die Längenbestimmung. Für die Berechnung, auf welchem Breitenparallel sich ein Schiff befindet, ist die Zeit nur von nebensächlicher Bedeutung. Wenn zum Beispiel auf dem Balkon der Seefahrtschule der Winkel zwischen Nordstern und

Horizont gemessen wird, liest man am Sextanten 53 Grad und 32 Minuten ab — und auf dieser Breite liegt Bremerhaven. Auf ähnliche Weise kann man den Winkel zur Sonne während ihrer Kulmination messen, wobei nach einiger Rechnerei dann ebenfalls 53 Grad und 32 Minuten herauskommen. Die Kulmination geht langsam vor sich, und es gab keinen Grund, dafür einen Zeitball zu bauen. Die Berechnung der geographischen Länge war es, die die genaue Zeitmessung erforderlich machte. Weshalb nun so genau?
Die geographische Länge wird durch den Vergleich der Zeit von Greenwich mit der Ortszeit des Schiffes errechnet. Dieses zu erklären, vermag am besten der Ablauf des Geschehens von der Zeitnahme bis zu ihrer „Verwendung" an Bord eines Schiffes, wobei unser Zeitball als unentbehrlicher Mittler fungierte. Die Hamburger Sternwarte — heute das Deutsche Hydrographische Institut — berechnete im voraus, daß der Stern X um zum Beispiel 08.15.10 Uhr Ortszeit in der und der „Ecke" des Himmels stehen müsse. Mit Hilfe einer Art Fernrohr namens Meridiankreis wurde diese Ecke angepeilt und bei seinem Durchgang die Zeit festgestellt — nämlich acht Uhr, fünfzehn Minuten und zehn Sekunden.
In Sekundenschnelle saust solch ein Stern nun weiter — einmal am Tag um die ganze Welt —, und da haben wir die Beantwortung der Frage, weshalb eine hohe chronometrische Genauigkeit für die Längenberechnung erforderlich ist. Denn eine Sekunde später müßte die Sternwarte bereits einen ganz anderen geographischen Ort haben, wenn sie den gleichen Stern noch in ihrem Okular haben wollte. Sie müßte schon auf einer ganz anderen Länge stehen. Mit anderen Worten: Die Sternwarte errechnete mit den bekannten Werten „Geographischer Ort" und „Ort des Sterns am Himmel" die Zeit. Ein Schiff auf hoher See konnte dann mit dem „beobachteten Stand des Gestirns" und der Zeit den Schiffsort suchen. Es benötigte dazu aber die genaue Zeitangabe. Diese wurde mit Hilfe des Chronometers „mitgenommen".
Bis zur Einführung der drahtlosen Telegrafie war der Zeitball also zweifellos eine wichtige Einrichtung und wurde entsprechend betreut. In dem großen Vermittlungssaal des Telegrafenamtes an der Schifferstraße wurde regelmäßig morgens um neun Uhr das auf dem Drahtwege übermittelte Zeitzeichen von Hamburg mit einem riesigen Quecksilberpendelchronometer verglichen — mit strenger Miene von einer im Dienst ergrauten weiblichen Person, die unter der amtlichen Bezeichnung Aufsicht wie eine Walküre ihre verantwortliche Pflicht tat. — Und eine bloße Dienstobliegenheit wurde dabei zu einer Zeremonie, ja zu einem Staatsakt. An einem besonders denkwürdigen Morgen war es Mudder M., wie sie aus einer Mischung von jugendlicher Schnoddrigkeit und Respekt von den ihr untergebenen Drahtamseln genannt wurde, die für diesen Akt zuständig war. Wir verschweigen hier ihren vollen Namen, weil sie damals in fahrlässiger Amtsanmaßung behördlicherseits, aber durch astronomische Rechnung exakt

und unumstößlich nachweisbar, die Welt aus den Angeln gehoben hat. Mudder M. also notierte an jenem Morgen den Stand ihrer Uhr, und nach einer Pause von gut zwei Stunden, die angemessen war, um das Zeremoniell seinem Höhepunkt zuzuführen, beauftragte sie einen besonders zuverlässigen Leitungsaufseher damit, den Ball an seinem Galgen halb und um eine Minute vor zwölf ganz hochzuziehen. Dann waren es noch sechzig Sekunden bis zu dem Moment, wo Mudder M. nur durch ihre sichere Hand und ihr umsichtiges Handeln all den Beobachtern jene Zeit mitgab, mit der sie sicher nach Amerika und Afrika, zu den Fischgründen um Grönland und in die Südsee fahren mußten. Aufmerksam beobachtete sie die große Standuhr, die Hand zum Schlag auf die Taste bereit, die die Klaue elektrisch auslösen sollte, welche den Zeitball hielt. Da aber kein Mensch unfehlbar ist, vor allen Dingen dann nicht, wenn er gespannt den Zeiger einer Uhr betrachten muß, um im gleichen Moment blind eine Taste zu bedienen, hieb Mudder M. — vorbei.
Anstatt nun den kleinen Ball zu betätigen als Zeichen einer Unklarheit, anstatt ihren „mistake“ einzusehen und entsprechend zu handeln, machte sie etwas ganz Unverzeihliches: Sie hieb noch einmal zu. — Und damit war das Unglück, die Katastrophe geschehen. Am nächsten Morgen errechnete eine ganze Klasse Steuermannsschüler, die Mudder M.s Signal beobachtet hatte, daß die Seefahrtschule nicht mehr an ihrem Platz stand. Sie war um den vierten Teil einer Bogenminute in westlicher Richtung versetzt worden. Damit konnte nun auch das Telegrafenamt nicht mehr an der Schifferstraße stehen. Selbst der Zeitball mußte sich jetzt nach exakter Berechnung mitten im Fahrwasser der Weser befinden.
Es ist nicht überliefert, ob ein Schiff mit dieser falschen Chronometerzeit gestrandet ist, fest steht aber, daß der Turm des Zeitballs so zu Bremerhaven gehörte wie die Weser, wie Ebbe und Flut und wie die Schiffe aller Nationen, die in der Unterweserstadt ihre Ladungen löschten oder sie übernahmen.

Das Schiffchen und Susis Blue Bar

Hongkong ist wohl die Stadt mit dem mörderischsten Arbeitstempo der Welt, wenn es um das Beladen und Löschen der großen Ostasien-Liner geht. Pausenlos rattern die Dampfwinden oder drehen die elektrischen Bordkräne; und weil sich fast der gesamte Güterumschlag auf Reede abspielt, herrscht hier ein emsiges Gewimmel von Motorbargen, Schuten und Dschunken.

Zwischen all diesem hektischen Geschehen gibt es für den Seemann aber auch hier eine an sich recht erfreuliche Erscheinung: hübsche Mädchen, die in ihren Sampans längsseits der Seeschiffe kommen und mit ihren piepsigen Stimmen um Holz betteln.
Sowie sich ein Matrose an der Reling sehen läßt, rufen sie im Chor, diese anmutigen Sirenen in ihren hellblauen Cheongsams: „Honey, give me wood!"
Hein Seemann fühlt sich aufs äußerste geschmeichelt und gibt sein bestes. Die schönsten Stücke Stauholz sausen über Bord und wechseln ihren Besitzer. Allerdings — als Kehrseite der Medaille — sehr zum Verdruß des Ladungsoffiziers, der sein Holz zu anderen Zwecken verwenden will als zu galanten Sympathiebekundungen.
Aber solche Sirenengesänge haben schon in geschichtlichen Zeiten dem Seemann zu schaffen gemacht. Im Falle Loreley ja sogar den Binnenschiffern.
Bei Odysseus gab es nur zwei Mittel, ihren Lockungen zu widerstehen: Wachs in die Ohren stopfen oder sich an den Mast binden.
Ein Ladungsoffizier heutzutage hat es dagegen viel leichter, die Matrosen vor dem Zauber der kleinen Butterflys zu schützen und sein Stauholz zu sichern. Er droht einfach mit dem Schiffchen. Jenem kleinen schwarz-weiß-roten Fahrzeug als Spendenkasse für die Gesellschaft zur Rettung Schiffbrüchiger.
Eine solche Drohung nützt augenblicklich, weil im Bedarfsfall eine beliebig hohe Geldbuße ohne jeden bürokratischen Umstand verhängt werden kann. Weitaus besser trifft sie den Sünder als eine läppische Tagebucheintragung oder gar ein Strafantrag, der erst im Heimathafen oder wie es so schön heißt „im Geltungsbereich des Grundgesetzes" zur Wirkung kommen würde.
Diese vollkommene Sicherheit birgt nun allerdings für die Retter aus Seenot einen entscheidenden Nachteil. Auf diese Weise wird immer weniger ins Schiffchen hineinkommen, weil niemand mehr Holz opfern wird.
Es gibt aber noch viele andere Dinge, die das Schiffchen zu einem bescheidenen, friedlichen und für einen guten Zweck bestimmten Diener der Ordnung und der Sicherheit an Bord machen.

So war eines Tages die gesamte Decks-Crew der ISARSTEIN in Zebu an Land gegangen, einer kleinen Hafenstadt auf der gleichnamigen philippinischen Insel, die man mit Recht als das Hawaii des kleinen Mannes bezeichnen kann. In fröhlicher Runde und in der bambusexotischen Atmosphäre von Susis Blue Bar hatte man Kontakt aufgenommen mit den Damen des Hauses und war dann etwa gegen Mitternacht mit ihnen „eingetörnt".
Von dem weiteren Verlauf des Abends ist uns nichts überliefert. Jedoch mit dem Morgengrauen kommt wieder etwas Licht in das Dunkel dieser Affäre. Die Jungkerls der ISARSTEIN verabredeten sich nämlich, den „Landbummel" entgegen den Weisungen der Schiffsleitung noch etwas auszudehnen.

Das Palaver, das sich dabei entspann und bei dem es hauptsächlich darum ging, ob das Schiff wirklich pünktlich um fünf Uhr fahren würde, war möglich, weil die Zimmerwände vieler Häuser im tropischen Ostasien der besseren Luftzirkulation wegen nicht ganz bis unter die Decke gezogen sind.
Jedenfalls wurde man sich einig, denn welches Schiff hält schon genau seinen Fahrplan ein. Die Herren hatten dabei sogar ein einigermaßen gutes Gewissen und vor allen Dingen den Trumpf in der Hand, daß das Schiff ohne sie nicht fahren konnte — nicht ohne die sämtlichen Matrosen und den einzigen Leichtmatrosen.
Dieser letzte Umstand veranlaßte nun aber an Bord den Kapitän zu einer ganz besonders unanständigen Bemerkung über seine Seeleute. Er stand nämlich im Ruderhaus; neben ihm der I. Offizier und der Lotse. Und die Schlepper lagen bereits längsseit. Das Schiff war tatsächlich klar zum Auslaufen. Ohne Zweifel — auf der Brücke der ISARSTEIN herrschte enorm dicke Luft.
Von diesem Zustand wurden die Sünder an Land dadurch informiert, daß der Erste das Typhon erklingen ließ. Wütend erscholl der markante Ton, drohend wurde er von den umliegenden Bergen zurückgeworfen, und überall in Zebu war dieses „Signal" zu hören.
Drei Minuten später sah man acht deutsche Seeleute im Schweinsgalopp durch die verschlafenen Straßen des Städtchens stürmen und dann mit Riesenschritten die Gangway ihres Schiffes emporhasten.
Das Nachspiel begann auf See, und zwar sofort nachdem der Lotse das Schiff verlassen hatte. Die Delinquenten wurden zum Kapitän zitiert, und hier erwies sich dann das Schiffchen als ein wahrhaft salomonisches Instrument.
Die Vergatterung der Täter war kurz und sachlich. Sie bestand im wesentlichen in der Aufzählung der Unkosten, die durch ihr Zuspätkommen entstanden waren, und in der Frage des Kapitäns: „Wieviel zahlt ihr nun freiwillig ins Schiffchen, ihr Windhunde?!"
Die Summe, die dabei herauskam, war ganz bestimmt nicht ohne, aber wie es nur sehr selten bei juristischen Urteilen der Fall ist, hier gaben sie sich lächelnd die Hand — Justitia und Fortuna, denn für alle Beteiligten verlief dieser „Prozeß" außerordentlich zufriedenstellend: Die Gesellschaft zur Rettung Schiffbrüchiger bekam Geld in die Kasse; der Kapitän für seine „wirkungsvolle Unterstützung" dieser Einrichtung zu Weihnachten eine briefliche Danksagung, und die Sünder verspürten neben einer gründlichen und anerkannten moralischen Aufrüstung die Genugtuung, das Rettungswerk finanziell unterstützt zu haben.
Und — den Jungkerls von damals blieb eine freundliche Erinnerung. Denn wie gern denkt mancher Knaster an die Gelegenheit zum Laster . . .

Maritimes Kurzdrama

Prolog

An Bord gibt es einen Mann, der weder in die Literatur eingegangen, noch jemals besungen worden ist. Auch steht er in keiner Musterrolle, weil er rechtlich gar nicht existiert. Auf jeden Fall aber ist er vorhanden.
Diesem sich sogar durch besonders eifrige und aufopfernde Tätigkeit auszeichnenden Mann soll hier nun endlich ein Denk- und Mahnmal gesetzt werden.
Dramaturgisch gesehen ist er ein sogenannter „passiver Held“. Das bedeutet, daß er meistens Dinge tun muß, die wohl sehr wichtig, aber gleichzeitig sehr unangenehm sind.
Als „Gefechtsrudergänger“ muß er stundenlange Rudertörns gehen. Auf vielen Schiffen ist es sein Job, auf der Kommandobrücke das Messing zu putzen. Dafür ist er verantwortlich. Für die Navigation ist er insoweit zuständig, als von ihm die Zeissgläser geputzt und die Bleistifte für die Eintragungen der Peilungen und Kurse in die Seekarte gespitzt werden müssen. Im Hafen darf er tallieren, das heißt, die Ladung ins Schiff zählen, obwohl es im „Handbuch für die Schiffsführung“ wörtlich heißt, daß Leute mit *wenig* geistigen Interessen vielfach am besten anschreiben. Und eine seiner wichtigsten Aufgaben ist die Lukenwache, jene stupide Untätigkeit, die einst einem Seemann den Stoßseufzer abgerungen hat: Wenn du noch eine Mutter hast, dann werde nie ein Lukengast.
Für alles aber wird unser Mann entschädigt, und zwar durch die Ermunterung seiner Vorgesetzten „Sie wollen doch einmal etwas werden“ und durch seinen klingenden Namen:
Es handelt sich um den Offiziersanwärter.

Ort der Handlung:
An Bord der ISARSTEIN im Hafen von Zebu.
Einmal der Gang zwischen dem Süll der Luke IV und den Mittschiffsaufbauten. Ein Schild über einer Tür enthält die Aufschrift MANNSCHAFTSWOHNRÄUME. Zum anderen das Zwischendeck der Luke IV, wo eingeborene Schauerleute damit beschäftigt sind, Kokosnüsse zu laden.

Zeit: Vor dem Landgang der Matrosen.

Personen: Franz Memmen — Matrose
Arnold Heinecke — Offiziersanwärter
Alle Matrosen und der einzige Leichtmatrose der ISARSTEIN
Schauerleute

(Aus der Tür treten die Matrosen ins Freie. Alle in pieksauberer Khakikluft und gutgelaunt.)

Franz: (Ein junger Mann, der im Bremer Kontor der Reederei den Titel Offiziersanwärter mit der Begründung abgelehnt hat: „Messingputzen, tallieren und Lukenwache schieben, das lassen Sie man andere machen."
Er beugt sich über das Lukensüll und erblickt Arnold Heinecke im Zwischendeck. Franz wirft sich schadenfroh in die Pose eines Bärenführers:)
Meine Herren! (Dozierend hebt er seine Rechte.) Wir befinden uns an der Luke IV, einer sogenannten schweren Luke, weil hier auch nachts weitergearbeitet wird. Dort unten im Zwischendeck erblicken wir einen jener zukünftigen Kapitäne, die mit Argusaugen darüber wachen, daß nichts gestohlen wird. Mehr noch: Er ist ermächtigt, Schauerleute anzuspitzen, wenn sie die Ladung nicht vernünftig behandeln.
Früher, vor der Erfindung des Offiziersanwärters, ist es verschiedentlich gewissenlosen Stauern gelungen, Ladungsdiebstähle zu begehen. Die Zeiten sind jetzt natürlich vorbei.
Meine Herren ...

Arnold: (Sitzt auf einem Stapel Stauholz. Er rührt sich nicht, wirft aber einen scheelen Blick nach oben.)

Franz: Sicherlich haben Sie sich einen Offiziersanwärter ganz anders vorgestellt: leichte Sportschuhe, weiße Tropenuniform und auf seiner intelligenten Rübe die Mütze der Reederei mit der Kontorflagge als äußeres Zeichen seines Standes.
Meine Herren, das sind die Vorstellungen eines Hinterwäldlers ...

Arnold: (Steht auf und sucht etwas. Offenbar einen handlichen und festen Gegenstand.)

Franz: Äußerlich sehen die hoffnungsvollen Zöglinge unserer Reederei wie ganz gewöhnliche Matrosen aus, aber ihre inneren Werte wirken bahnbrechend für den Typ des modernen Seemannes. Ihr Ehrgeiz läßt es nicht zu, wie ein Janmaat an Land zu gehen, um in Susis Blue Bar die Laster Ostasiens ...

Arnold: (Ergreift blitzschnell eine Kokosnuß und wirft sie mit aller Kraft in Richtung des Sprechers.
Das Geschoß verfehlt sein Ziel, aber nicht seine Wirkung: Die Matrosen gehen lachend ab. Man hört das Geklapper der Gangwaystufen.)

Arnold: Trägt eine mißmutige Miene zur Schau. Nimmt eine zweite Kokosnuß und wirft sie – offenbar zur Erleichterung seiner Gefühle – wütend auf das eiserne Zwischendeck.
Er kehrt auf den Stauholzstapel zurück und setzt sich wieder darauf. Während er über den Sinn des Lebens nachdenkt – im engeren Sinne über den Unsinn, in Zebu Kokosnüsse zu bewachen –, fällt langsam der

Vorhang.

Falsch gepolt

Am Ausrüstungskai lag der Supertanker OTHRYS klar zum Auslaufen für die Werftprobefahrt. Das Schiff war im Auftrage einer griechischen Reederei gebaut worden und sollte nun vor der eigentlichen Übergabe- oder Gästeprobefahrt noch einmal auf Herz und Nieren geprüft werden. Noch flatterten also an der Signalrah die Werftflagge und am Heck die deutsche.
Für die Erbauer ist ein solcher Tag auf jeden Fall etwas Erfreuliches, und so konnten es sich die Werftgrandis leisten, in hellen Scharen an der Reling zu stehen, ohne von ihren Meistern an die Arbeit gejagt zu werden.
Allerdings war auch ein besonderes Ereignis zu beobachten: Der Lotse war nicht über die Gangway an Bord gekommen, sondern tuckerte gerade per Barkasse längsseit, denn der Lotsenlift sollte ausprobiert werden.
Da man niemandem zumuten kann, ohne Aussicht auf olympische Ehren dreizehn Meter über eine Jakobsleiter zu klettern, haben sich vernünftige Leute diese Einrichtung ausgedacht, die auf dem Prinzip des gewöhnlichen Fahrstuhles arbeitet und einen ähnlichen Zweck erfüllen soll, nämlich den Lotsen an Bord zu holen.
Immerhin war es aber für den Bordbetrieb eine entscheidende Neuerung, und so standen ebensoviele Herren mit Schlips und Kragen an der Reling wie Nietenklopper, Schweißer und Monteure, als der Lotse von der Barkasse überstieg in den Fahrstuhl.
Am „Steuerpult“ stand mit wichtiger Amtsmiene der Elektriker-Meister Gustav Krückemeier, und als der Lotse mit einer Handbewegung das Zeichen gab, die neue Ära der Lotsenlifte einzuleiten, da wußte niemand, daß die Knöpfe „Hieven“ und „Fieren“ falsch gepolt waren.

Gustav drückte also drauf, und ehe er den Stop-Kontakt betätigen konnte, gab es einen Klatsch, und der Lotse stand bis zum Hals im Wasser.
Auf das fürchterliche Gebrüll dreizehn Meter unter ihm reagierte Gustav vernünftig: Er hievte den Fahrstuhl erstmal wieder in seine Ausgangsstellung. Dann wischte er sich den kalten Schweiß von der Stirn.
Dieses Unglück war für die Werft natürlich eine ziemliche Blamage, und wer das am meisten fühlte, das war der verantwortliche Oberingenieur Klaus Grunert.
Da der Lotse sich verständlicherweise weigerte, „so glitschig wie er war" die OTHRYS zu fahren, mußten Schiff und Schlepper warten, bis er sich geduscht und umgezogen hatte.
Abseits von dem Rummel dieser so verschobenen Probefahrt saß der unglückliche Grunert in der Eignerkammer, als ihn sein Duzfreund, der Werftkapitän Alfred Kruse, aufstöberte.
„Mensch, Klaus!" sagte der. „Du machst ja 'n Gesicht?! Komm raus an Deck. So lustig hat eine Probefahrt noch nie angefangen!"
„Nee! Nee! Alfred", antwortete Grunert geknickt. „Mich kannste man abschreiben. Mit mir geht das bergab. Ich fühl' das!"
„Aber du hattest doch gar keine Schuld", widersprach der Kapitän gönnerhaft.
„Das ist es ja gerade. Das nämlich *doch*! Da ist in dem Whooling bloß keiner hintergekommen, außer Krückemeier. Der ist ja wohl manchmal 'n bißchen dämlich, aber diesesmal habe ich doch die Schuld gehabt. Ich habe ihn nämlich nach dem Malheur an die Seite gedrängelt, und dann wollte *ich* doch den Lotsen hochholen . . ."
„Und der ‚richtige' Knopf war natürlich immer noch falsch gepolt?!" bemerkte Kruse mit aufkeimender Schadenfreude.
„Du kannst grinsen, so viel du willst", stöhnte Grunert, „mich stört das nicht. — Jedenfalls hat der Lotse gesagt, als er endlich an Deck stand: ‚Denjenigen, der mich zum *zweiten* Mal ins Wasser gefiert hat, *den* kauf' ich mir!'"

Rettung aus Seenot

In der Mündung des Rio Sinu lag der deutsche Dampfer JUPITER und übernahm Baumstämme von außenbords. Ein einziger kleiner Schlepper kam damit aus irgendeinem Winkel des Urwaldes heran, um sie längsseit zu schleppen. Das war ein ganz gemütlicher Ladebetrieb und sollte etwa drei Wochen dauern. Der Name Puerto Cispatá war lediglich eine Ortsbestimmung, denn von einer menschlichen Ansiedlung war nirgendwo eine Spur zu sehen. Rundum nichts als Mangrovendickicht und Urwald. An einen normalen Landgang war nicht zu denken. Wohl aber an eine Bootspartie. Jedenfalls in den Augen der jüngsten Seeleute, die wohl wußten, daß der Alte ein solches Ansinnen bereits mit den Worten abgelehnt hatte: „Erstens kommt ein Rettungsboot hier nicht zu Wasser, zweitens würde es mit dem Strom sofort auf See hinausgetrieben werden und drittens gibt es hier Haie!"

Gottes Stellvertreter in dieser einsamen Bucht Kolumbiens hatte gesprochen, und aus der „Expedition ins Innere", wie man das Unternehmen bereits getauft hatte, war nichts geworden.

Trotzdem machten sich der Meßbüdel, der Decksmoses und ein Reiniger am Sonntag nach dem Abendessen auf und davon. Mit dem längsseit liegenden Arbeitsboot, von dem aus man während der Woche außenbords gemalt hatte, wriggten sie schräg über den mit zwei Meilen dahingleitenden Strom direkt auf den Urwald zu.

Welch herrliches Gefühl, welch reine Freude und lohnender Tatendrang, endlich einmal das zu tun, was man Abenteuer nennt — und weswegen man schließlich zur See gegangen war.

Auf der JUPITER hatte niemand ihr Verschwinden bemerkt, und die Jungen nahmen nicht wahr, daß sie sich immer mehr von ihrem Schiff entfernten — und wie die Zeit verging.

Als der Decksmoses sachkundig feststellte, daß hier ein „gleuniger" Strom laufe, der Meßbüdel die Enfernung zum Schiff mit vier Meilen taxierte und der Reiniger von den Haifischen zu unken begann, kam ihnen ihre Situation zum Bewußtsein, die sie anderntags je nach Temperament als prekär, asig und als ganz besonders bescheten angaben.

Es hatten sich nämlich noch zwei Naturereignisse eingestellt, die von dieser Minute an ihr Leben bedrohten: die Seebrise, die gegen den Strom kurze, kabbelige Wellen aufwarf, und die Dunkelheit mit ihrer pechschwarzen Tropennacht.

Gemerkt hatte es der I. Offizier, daß die Jungen verschwunden waren. Zunächst allerdings nur, daß das Arbeitsboot fehlte.

Auf der Suche nach den Schuldigen war ihm der wahre Sachverhalt klargeworden und hatte ihn in ganz besonders arge Bedrängnis gebracht. Denn die Order des Kapitäns, das Rettungsboot in den Davits zu lassen, war unumstößlich, und so hatte sich der I. O. durch einen besonderen Umstand ausgerechnet dem Moses gegenüber zu der Behauptung hinreißen lassen: „Dieser alte Ostfriesenhäuptling wird so etwas niemals erlauben. Man sollte einfach heimlich das Rettungsboot klarmachen." — Der Erste und der Moses hatten nämlich beide nacheinander die selbe Schule in ihrer gemeinsamen Heimatstadt besucht, und Bildung bindet. Auch mitten im Urwald von Puerto Cispatá. Oder gerade dort. Vor allem aber, weil man die gleichen Pauker gehabt hatte, die genauso „verkalkt" waren, wie der Alte der JUPITER.

Als der Erste nun diese schlimme Entdeckung gemacht hatte, eilte er in seiner Not nicht wie üblich zum Kapitän, sondern zum Chief: „Drei Mann sind mit dem Arbeitsboot weg und treiben vermutlich bereits auf See. Mit einem einzigen Riemen an Bord zum Wriggen!"

„Weiß der Alte Bescheid?"

Statt einer direkten Antwort stammelte der I. O.: „Ich habe doch die Schuld" und berichtete dem Chief von seinem Gewissenskonflikt.

Wie immer es nun war, ob gut oder schlecht, recht oder unrecht, man beschloß, den Alten zu umgehen. Zumal das Verhältnis zwischen dem Ersten und dem Kapitän ohnehin nicht gut war.

Und der Chief reagierte: prompt, zuverlässig und kameradschaftlich.

Er begab sich in den Wohnraum des Kapitäns — bewaffnet mit dem königlichen Spiel und einer Flasche Dreistern, um ihn im wahrsten Sinne des Wortes, wie er sich ausdrückte, „in Schach zu halten".

Draußen nun in der Flußmündung kämpften die drei Unglücklichen tatsächlich um ihr Leben. Das Boot stand bereits halb voll Wasser, und sie selbst waren naß und völlig erschöpft.

Als sie im Schein der Decksbeleuchtung aber erkennen konnten, daß das backbordsche Rettungsboot klargemacht wurde, faßten sie wieder neuen Mut und machten das einzig Richtige, als sie von der JUPITER aus die Handmorselampe blinken sahen: Sie zündeten das an, was im Boot noch nicht naß war — den Strohhut des Reinigers, und hielten ihn hoch.

Als die Morselampe daraufhin einen langen Blink gab, fühlten sie sich bereits fast gerettet, denn man hatte offenbar ihre Position ausgemacht.

Aber es dauerte noch volle zwei Stunden, bis die Retter das Boot gefunden hatten, weil die drei mit den noch verbliebenen, aber nassen Streichhölzern kein Signal mehr geben konnten und mit dem inzwischen gebrochenen Riemen völlig hilflos in der kabbeligen See trieben.

Jedoch das Manöver gelang, und als alle wohlbehalten an Deck der JUPITER das Rettungsboot wieder vorheißten, hatte der Chief in der Kammer des Kapitäns seinen Partner gerade in einer langen Partie gewinnen lassen.

Bedingt nun durch diese Tatsache und beschwingt durch einen edlen Tropfen, hatte der Alte trotz des Widerstandes des Chiefs darauf bestanden, an Deck „die Tropennacht zu genießen".
Aber dort waren die Seeleute noch damit beschäftigt, das Boot zu laschen, Tauwerk aufzudrehen und die Persenning zu zurren.
Der Herr der JUPITER war platt. Mit der Zigarre in der halberhobenen Hand erstarrte er förmlich. Sprachlos beäugte er seine Männer bei ihrer Arbeit, und mißtrauisch peilte er seinen I. Steuermann an: „Was ist hier denn los?"
„Bootsmanöver", konterte der Erste in einer Art Flucht nach vorn. „Nachtmanöver. — Wir können nämlich auch mal *nachts* in Seenot geraten" und eilte um das Boot herum — außer Reichweite seines Kapitäns.
„Kommen Sie, Chief", wandte sich der Alte an seinen I. Ing. „*Da* kann noch einer drauf stehen."
Und als sie nun wieder Platz genommen hatten, die beiden Herren der JUPITER, da schenkte der Alte bedächtig die Gläser abermals voll, sehr bedächtig, fast zeremoniell. Langsam stand er wieder auf. Leicht schwankend zwar, aber überwältigt von der großen Stunde, hielt er sich kerzengerade und bemerkte gar nicht, daß er seinen Bordkameraden zum ersten Mal duzte: „Chief", sprach er feierlich zu seinem Gegenüber, der sich ebenfalls wieder erhoben hatte, „weißt du eigentlich, was du hier erlebst? — Hier in Südamerika, mitten im Busch, fernab jeder vernünftigen Zivilisation?"
„Nee!", antwortete der Chief etwas irritiert.
„Eine historische Tat. Zum *ersten* Mal in der Geschichte der Seefahrt macht ein Schiff *nachts* Bootsmanöver. Verstehst du? — Nachts!"
„Dascha erstaunlich", heuchelte der Chief etwas zu sachlich, denn er war auch nicht mehr ganz nüchtern.
„Bisher habe ich den Ersten immer für einen Windhund gehalten", fuhr der Alte fort, „für einen großen Windbüdel . . .
Und wenn das so ist, und wenn das so bleibt, eins steht fest: In Notsituationen kann man sich auf ihn verlassen. Das ist ein Praktiker. Ein Seemann durch und durch. Der ist in der Lage, *Menschenleben* zu retten!"
„Das ist er", antwortete der Chief. „Hundertprozentig."
Wieso hundertprozentig? — Ein Kapitän, der sich ein Leben lang mit Maklern herumschlagen muß, mit Versicherern und Gegenversicherern, mit Hafenbehörden ebenso wie mit Zöllnern und Wetterberichten, der ist ständig auf der Hut. Mißtrauisch hielt er deshalb inne, das erhobene Glas anzusetzen. „Steckt ihr etwa unter einer Decke?", knurrte er ahnungsvoll.
„*Ich* hab' hier ja wohl in den letzten Stunden eine Partie Schach verloren."
„Trotzdem!", knurrte der Alte . . .
Als sich der Kapitän anderntags ein nüchternes Bild machen wollte von dem „nächtlichen Zirkus", wie er es inzwischen dem Salonsteward gegenüber nannte,

da zuckte dieser gewarnt und deshalb wortlos die Achseln. Aber die Wahrheit kam doch heraus, und zwar auf dem Umweg über Norddeich-Radio, als die JUPITER längst wieder auf hoher See war. Der Moses hatte nämlich sein Abenteuer nach Hause berichtet, und so hatten seine Eltern ein Telegramm geschickt, das der Funker dem Kapitän überreichte, als dieser zusammen mit dem Ersten auf der Brückennock stand:

herzlichen dank für rettung unseres sohnes dieter anläßlich bootsunglück.

die betroffenen eltern.

Mit einem süßsauren Lächeln reichte es der Alte seinem I. O. mit der Bemerkung: „Wenn der Chief nochmal mit einer Flasche Dreistern bei mir aufkreuzt, dann soll ihn der Teufel holen. Hundertprozentig!"

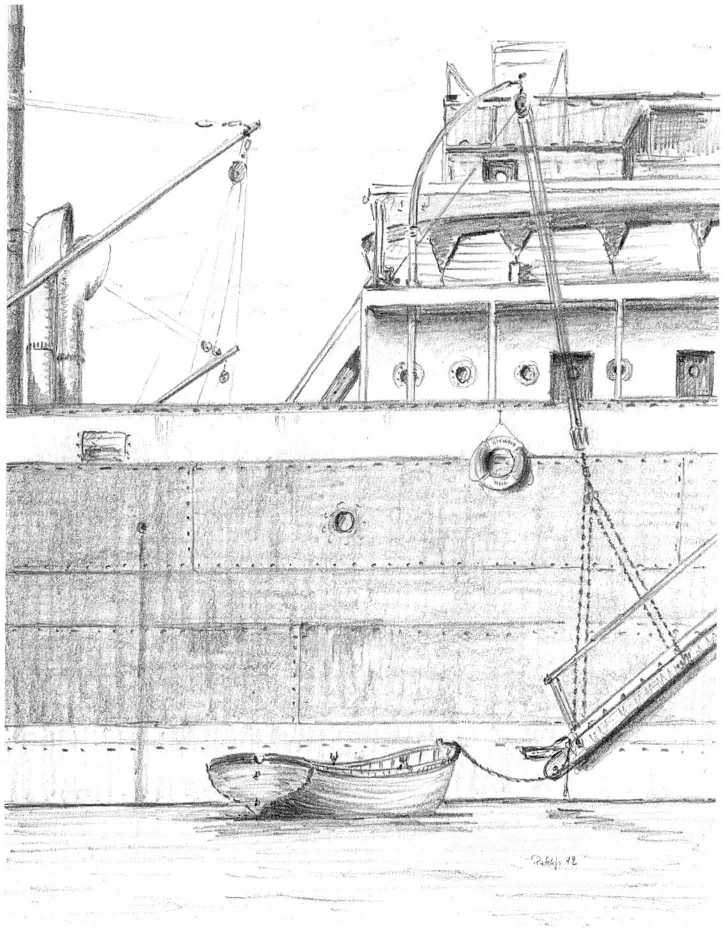

Sprachrohr-Drama

Bis zu einer gewissen Größe fuhren die Küstenschiffe ohne Maschinisten. Dafür hatten ihre Kapitäne und Steuerleute Zusatzpatente und kamen ganz gut zurecht.
Die FRIEDEL war nun aber etwas größer, und die Schiffsbesetzungsordnung forderte eindeutig den sogenannten Alleinmaschinisten — und seine Anwesenheit stellte für den Bordbetrieb naturgemäß eine Erleichterung dar.
In menschlicher Hinsicht war das aber offensichtlich nicht immer der Fall. Da sich die acht Männer der Besatzung schon von zu Hause her kannten, weil sie alle aus dem kleinen, an der Elbe gelegenen Heimathafen der FRIEDEL stammten, hatte der Schipper sachkundig behauptet: „Nun schicken sie uns *diesen* alten Geizkragen an Bord." Worauf der Steuermann antwortete, während Udo Kampmeier die Steigeisen an der Helgoländer Pier in Cuxhaven zum Zwecke seines Dienstantrittes herunterturnte: „Wenn der zu Hause ist, dann läuft er dreimal in der Nacht um sein Haus und bellt, bloß um den Hund zu sparen."
Tatsache ist, daß Kampmeier dafür bekannt war, den einen der in der Regel zwei E-Heizkörper des Ruderhauses abzuschalten und daß es auf seinen Schiffen auf den Toiletten überhaupt keinen Strom gab. So etwas spricht sich bei der Seefahrt herum — und daher der unfreundliche Empfang.
Natürlich gerät man sich aber nicht sofort in die Haare, wenn jemand sparsam ist. Im Falle der FRIEDEL ging es aber ziemlich schnell und heftig.
Als sie nämlich kurz nach Mitternacht auf der Reise nach Glasgow elbabwärts tuckerte, hatte der Steuermann die Wache und schickte den Rudergänger in die Kombüse, um Kaffee zu kochen, während er selbst das Ruder übernahm. Aber der Leichtmatrose kam mit den Worten wieder nach oben: „Am Herd ist kein Saft."
„Dann lauf runter und dreh' an der Schalttafel den Hebel ‚Kombüse' auf ‚ein'."
„Das wollte ich schon, aber Kampmeier fummelt da unten immer noch rum. Er hat mich nicht daran gelassen."
„So!" In der Dunkelheit konnte man die Miene des Steuermannes nicht erkennen, aber sie war gewiß so finster wie draußen die Novembernacht.
Der Leichtmatrose stand wieder am Ruder. Und der Steuermann lief wie ein wütender Stier im Ruderhaus hin und her. Plötzlich riß er die Pfeife aus dem Sprachrohr zur Maschine und pustete mit aller Kraft hinein.
Sekunden später wurde unten ebenfalls die Pfeife herausgenommen, und es entspann sich folgender Dialog:
„Achtung Maschine! Weshalb ist da kein Strom am Kombüsenherd?"
„Der wird nachts abgeschaltet."
„Aber nicht *hier* an Bord."

„Das merkst du ja."
„Und du merkst deine sämtlichen Knochen, wenn du nicht sofort wieder den Strom einschaltest."
„Wlupp!" Kampmeier hatte die Pfeife wieder in das untere Ende des Sprachrohres gestopft.
Das war hart, und niemand wird sich vorstellen können, daß diese beiden Seeleute ohne weiteres wieder friedlich zusammenarbeiten würden.
Und so kam es auch. Die Vermittlung des Kapitäns hatte auch nicht richtig gefruchtet. Jedenfalls gab es in der nächsten Nacht wieder keinen warmen Kaffee. Angeblich wegen eines „Defektes".
Und wieder löste der Steuermann den Rudergänger ab, und zwar mit dem Auftrag: „Schlag mal 'ne Pütz Seewasser auf und bringe sie zusammen mit dem Trichter für den Not-Akku ins Ruderhaus."
Und die Fortsetzung des Dramas verlief wie folgt: Der Steuermann nahm die Pfeife aus dem Sprachrohr und pfiff in den Maschinenraum hinunter. Auf das „Achtung Maschine" stopfte er den Trichter in das Rohr und wartete einen Augenblick, bis der Motorenlärm durch das Rohr wieder leiser wurde als Zeichen dafür, daß sein Widersacher dort unten im Maschinenraum sein Ohr vor die Öffnung hielt.
In diesem Moment kippte er die ganze Pütz voll Wasser in den Trichter, und als ein wütender Schrei das Ergebnis signalisierte, herrschte im Ruderhaus eine gewaltige Siegesstimmung.
Was die Nacht davor oben im Ruderhaus geschah, wiederholte sich nun unten: Der Maschinist rannte wütend auf den Flurplatten hin und her. „Rache ist Blutwurst!" schnaubte er erbittert und riß sich zähneknirschend die nassen Kleider herunter. „Denen werde ich's zeigen!" Und er hatte auch schon eine Idee, die man aus seiner Sicht durchaus als gut bezeichnen konnte.
Der Gegenschlag traf allerdings den Falschen. Der Akt fand in der nächsten Nacht statt, und zwar wieder kurz nach Mitternacht, als der Rächer den Steuermann auf Wache wähnte. Der dagegen war aber auf die Bitte des Kapitäns gerade in den Laderaum hinabgestiegen, um die Zurrung der Ladung zu kontrollieren, weil Norddeich-Radio für die Deutsche Bucht und die Britischen Inseln eine Sturmwarnung durchgegeben hatte.
Als der Maschinist jedenfalls durch das Sprachrohr pfiff, merkte er nicht, daß sich der Alte meldete. Eifrig hantierte er mit der Druckleitung des Kompressors und hielt sie genau in dem Moment in die Leitung, als der Kapitän ahnungslos sein Ohr an das obere Ende des Sprachrohrs legte.
Mit einem Luftdruck von 30 atü, die selbst der rachedurstige Kampmeier nicht voll „ausfahren" mochte, erhielt der Kapitän einen Schlag an den Kopf, der ihn mit voller Wucht durch das Ruderhaus wirbelte.
Das Malheur war geschehen.

Da der Alte aber zunächst an ein Unglück im Motorenraum glaubte, riß er den Telegrafen auf „Stop", gab dem Rudergänger knappe Anweisungen und eilte nach unten, um nach der Ursache zu forschen.
Was sich dort abgespielt hat, ist nicht überliefert, es muß sich aber einiges getan haben. Auch später in der Kammer des Kapitäns, als sich die drei Herren der Schiffsleitung gegenübersaßen, um den Fall zu verhandeln. Sachlich hatte der Kapitän die Rechtslage erörtert und die für Kampmeier daraus resultierenden Konsequenzen. Als jener versuchte, die Angelegenheit vor seinen Gegnern „glattzuschnacken", schnitt ihm sein Gebieter das Wort ab mit der Bemerkung: „Du brauchst dich nicht zu entschuldigen. Du wirst verdonnert. So oder so. Denn wir wollen in Zukunft nur eitel Freude an dir haben."
Und damit stellte er das Spenden-Schiffchen der Gesellschaft zur Rettung Schiffbrüchiger auf den Tisch mit der knappen Aufforderung: „Eine Monatsheuer!"
Kampmeiers Augen gingen über, und der kalte Schweiß stieg ihm auf die Stirn: „Dat is toveel, Kaptein!", stotterte er. „Wie soll ich das denn meiner Frau erklären?"
„Sag' ihr doch die Wahrheit."
„Mit der Luft?", fragte er irritiert.
„Nee, von deiner mildtätigen Spende", erwiderte der Alte grantig. „Dann weiß deine Frau auch gleich, daß du von deinem *Geiz* geheilt bist — und von deiner Art, dich in die Bordgemeinschaft einzufügen."
Kampmeier zahlte. — Und auch das sprach sich herum. Zur allgemeinen Erheiterung, aber auch unter dem Aspekt, daß Kameradschaft an Bord sein muß, aber manchmal eine ganze Menge kosten kann.

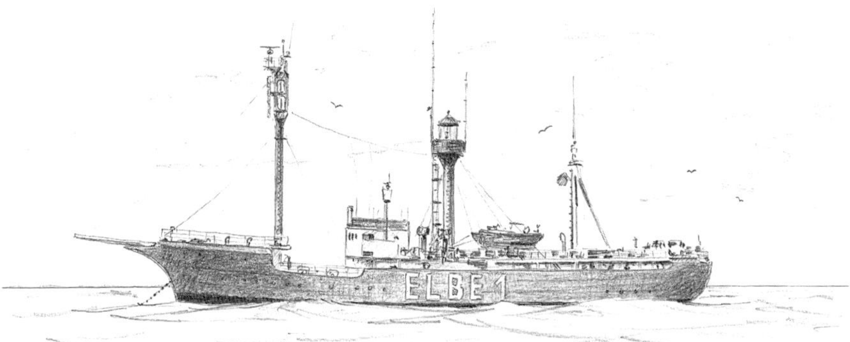

Christliche Seefahrt

Es war nicht zu vermeiden gewesen. „Du mußt mich da abholen“, hatte seine Frau gesagt. Besser ausgedrückt, sie hatte darauf bestanden. Und da Kapitän Reinicke vor kurzem das Kommando an Bord eines großen Frigga-Dampfers aus der Hand gegeben hatte und aus jahrzehntelanger Erfahrung wußte, daß er an Land wenig zu sagen hatte, sah er sich an jenem Abend gezwungen, den Wagen mobil zu machen.

Im Zusammenhang mit seiner Pensionierung war das Ehepaar in die Provinz gezogen, und für Reinicke war es nun unumgänglich, seine rührige Amalie, die sofort Kontakt aufgenommen hatte zu ihrer neuen Umgebung, aus der Mitte einer Versammlung des „Landfrauenverbandes“ heimzuholen.

„Die sind schon ganz gespannt auf dich“, hatte seine Gemahlin überflüssigerweise verlauten lassen. „Nun stell’ dich nicht so an.“

„Holen die anderen Männer ihre Frauen auch ab?“, bohrte er weiter, um sich nach Möglichkeit diesen Weg zu ersparen.

„Einige Frauen gehen auch zu Fuß nach Hause“, war sie ausgewichen.

Jedenfalls geriet unser Fahrensmann auf diese Weise in die Mitte jener „gespannten“ Damen, die auch sogleich begannen, ihn mit ihrer Neugier zu löchern: Ob die Möwen wirklich die Seelen toter Seeleute seien, und ob er schon mal im Bermuda-Dreieck gewesen sei. Eine der Frauen, die offenbar mehrfach Helgoland bereist hatte, wollte wissen, ob es tatsächlich wahr sei, daß der Tierschutzverein in der Nähe der Düne Bojen ausgelegt habe — zum Ausruhen für die Seehunde.

Reinicke, der vor einem riesigen Stück Torte saß, antwortete mit jener Lässigkeit, der man anmerken konnte, daß er seinerzeit Passagiere gefahren hatte, die genauso neugierig waren.

Als nun aber eine der Damen anfing, etwas präziser nach den modernen Möglichkeiten der Navigation zu forschen und zu erkennen gab, daß sie als Witwe eines Fluglehrers etwas Einblick in diese Materie besaß, da fühlte er, daß er sich entweder festklönen würde oder diplomatisch werden müßte.

„Wenn Sie nun über den Großen Teich kommen, wie finden Sie dann den ersten Ansteuerungspunkt“, beharrte sie trotz seiner ausweichenden Antworten.

„Überhaupt nicht“, knurrte er schließlich mit vollem Mund. „Dazu ist es nämlich meistens viel zu diesig.“

„Aber Sie müssen doch z. B. mit gehöriger navigatorischer Sicherheit durch den Englischen Kanal fahren“, bemerkte die Witwe, ebenfalls mit vollem Mund.

„Das tun wir ja auch“, konterte er. „Dafür haben wir Seeleute sogar ein sehr einfaches Rezept. Sie kennen doch sicherlich den Ausdruck ‚Christliche Seefahrt‘?“

„Aber ja“, nickten sämtliche Landfrauen im Chor.

„Der kommt daher, weil wir Seeleute noch an etwas glauben. Nämlich an unseren Herrn dort oben", wobei er mit der Kuchengabel gegen die Decke zeigte. Und nun faßte unser Kapitän alle Arten der Ortsbestimmung wie die der astronomischen Navigation, des Omega-Verfahrens und zum Beispiel die Methoden Loran und Decca sowie optische Peilungen, Radar, Lotreihen usw., usw. in einem Satz zusammen, als sie pikiert fragte: „Lieber Kapitän, nun noch mal von vorne, und sicherlich werden Sie uns das in verständlicher Form erklären können: Wenn Sie von Amerika kommen und Sie wollen nach Hamburg, wie fahren Sie dann?"
„Ganz einfach!" Reinicke stellte demonstrativ den leeren Kuchenteller etwas von sich weg, nahm den letzten Schluck Kaffee, legte zum Zeichen des Aufbruchs den Autoschlüssel auf den Tisch und antwortete dieser „ollen Kaffeetante", wie er die schnippische Fluglehrerswitwe inzwischen eingestuft hatte: „Bis zum Feuerschiff ELBE I mit Gott und dann — nehmen wir einen Lotsen."

Der rechtweisende Kurs

Mit zweiundzwanzig Jahren war ich blutjunger Steuermann auf dem Argo-Dampfer GREIF. Allein bewohnte ich jetzt eine wohnliche Kammer, speiste am weißgedeckten Tisch in der Offiziersmesse und trug eine elegante Uniform, deren beiden Kolbenringe mich nicht gerade stolz, jedoch recht zufrieden machten. Darüber hinaus konnte ich mich ganz gut mit meinem Kapitän vertragen, obwohl ich im allgemeinen Vorgesetzten gegenüber recht bockbeinig sein kann. Es ist selbstverständlich, daß die Seefahrt unter diesen Umständen Spaß machte. Auf See vollzogen sich die Wachen in harmonischem Gleichmaß. Der Junge Dieter und der Leichtmatrose Hannes waren dabei meine Gefährten. Während sie sich die Rudertörns teilten, beschäftigte ich mich mit der Navigation am Funkpeiler, am Radar und am Echolot. Nachts, wenn der eine den Ausguck wahrnahm, konnte ich ihn bitten, Kaffee zu kochen und Eßbares zu organisieren. Das ist nichts Besonderes und an Bord aller Schiffe so üblich. Meistens kommen die Seeleute sogar von selbst, um sich diesen Auftrag zu holen. Vor allem im Winter. Anstatt in eisiger Nacht auf der Brückennock zu stehen, können sie sich dann nämlich in der warmen Kombüse aufschießen. Oft sogar so lange, bis der wachhabende Offizier zornig seine Trillerpfeife betätigen muß, weil der Mann auf der Brücke benötigt wird.

Dieser Zustand, den Dieter und Hannes in besonders heftiger Form praktizierten, änderte sich eines Tages schlagartig mit Dieters Frage, wie es eigentlich möglich sei, mit Hilfe des Funkpeilers den Schiffsort zu bestimmen. Sein Interesse ehrte mich, und ich war nur zu gern bereit, es ihm zu erklären. Da ich dazu nun aber das Ruderhaus verlassen mußte, weil der Peiler sich im Kartenraum befand, sagte ich zu Hannes, der am Ruder stand und weil ich meine Pappenheimer kannte: „Während ich deinem Makker jetzt etwas erkläre, hast du die verdammte Pflicht und Schuldigkeit, *vernünftig* aufzupassen!" Im Schein der Kompaßbeleuchtung konnte ich darauf ein verständnisvolles Grinsen wahrnehmen.
In der Tat schlug ich nun drei Fliegen mit einer Klappe: Hannes ging jetzt richtig „Wache" und döste nicht nur am Ruder, Dieter saß nicht mehr in der Kombüse oder stand tatenlos auf der Nock herum, und für uns alle wurde die Wache zum Zeitvertreib. — Zumal sich Hannes während seines Flötentörns, also wenn Dieter am Ruder stand, ebenfalls aktiv für die Navigation zu interessieren begann.
Wir drei kamen prächtig zusammen aus, und da ich erst vor ganz kurzer Zeit die Seefahrtschule verlassen hatte, konnte ich bei dieser „Lehrtätigkeit" mein Wissen in wünschenswerter Form festigen.
Ohne Scheu arbeiteten die Jungs in der Karte, benutzten die Leuchtfeuerverzeichnisse und die Bücher des Nautischen Funkdienstes, weil auch der Kapitän damit einverstanden war.
Nun kann aber nicht ein Pensum, für das ich zuvor drei Semester gepaukt hatte, während der nächtlichen Seewachen erledigt werden. Ich bot meinen Seeleuten also an, im Hafen nach Feierabend zu mir kommen zu können, um weiter in die Geheimnisse nicht nur der Navigation, sondern auch des ganzen Schiffsbetriebes und der englischen Sprache einzudringen. Ich hatte es in mahnendem Ton getan. Erstens, weil es sehr schwer ist, wenn man völlig unvorbereitet die Seefahrtschule besuchen muß, und zweitens, weil ich wußte, wie willig der Geist eines Leichtmatrosen sein kann und wie schwach sein Fleisch.
Das Ergebnis war dann auch negativ. Zugegebenerweise war wenig Zeit für solche Studien übrig, aber auch Verweise auf einen bestimmten Abend waren erfolglos geblieben. Jedesmal schlichen sich die Brüder von Bord, und anstatt etwas für ihre Bildung zu tun, trieben sie sich an Land herum.
Jedoch eines Tages, das Schiff lag in Oslo an den Langbryggen, saß ich abends im Kartenraum, weil dort sehr viel Platz war, und beschäftigte mich für meine eigene Fortbildung mit der außerordentlich dornenreichen Kompaßkunde, als ich auf der Treppe Schritte hörte. Zu meinem nicht geringen Erstaunen und zu meiner ehrlichen Freude erschienen Dieter und Hannes.
Ich gab mich recht jovial, zumal in den Gesichtern der beiden Herren eine gewisse Verlegenheit zu lesen war.
Und sie drucksten herum.

Bis Hannes sich ein Herz nahm und folgende Frage stellte, die mich in weiteres Erstaunen versetzte: „Ob Sie uns wohl eine Bescheinigung geben können? Mit Stempel? Eine Art Beglaubigungsschreiben von der Schiffsleitung?“
Zwei seltsam leuchtende Augenpaare waren auf mich gerichtet.
Während ich mich fragte, wofür die beiden einen solchen Schrieb benötigen könnten, gewann ich den Eindruck, daß sie nicht wie zwei gelehrige Schüler vor mir standen, sondern eher wie Max und Moritz. Dessen ungeachtet sagte ich: „Selbstverständlich!“ und fragte wofür.
„Wir haben Schwierigkeiten am Hafentor.“ Beide wurden jetzt ganz mobil. „Der Zoll will uns nämlich nicht damit durchlassen. – Nicht ohne Genehmigung durch die Schiffsleitung.“
„Mit was nicht?“ forschte ich argwöhnisch.
Die Antwort der beiden Gentlemänner war dann auch so ähnlich, wie ich es mir schon dachte. Wie aus einem Munde antworteten sie – und offenbar in voller Hoffnung auf meine Zustimmung: „Mit zwei Mädchen.“
Da ich wohl Verständnis dafür hatte, aber meiner Dienststellung entsprechend dieses Anliegen mißbilligen mußte, weil es sich ganz sicher um ganz leichte Mädchen handelte, kleidete ich meine Ablehnung in die Aufforderung: „Nur wenn ihr mir auch eines mitbringt.“
Aber da hatte ich schön was gemacht. Begeistert riefen sie und drängelten sich bereits wieder aus der Tür: „In einer Stunde sind wir wieder da!“
Ich konnte sie gerade noch festhalten.
Eine Moralpredigt aus meinem Munde hätte vermutlich recht unecht geklungen. Ich fragte daher in – leider – ziemlich scharfer Form: „Würdet ihr an meiner Stelle eine solche Genehmigung erteilen . . .?“
Ab zogen sie, mit langen Gesichtern und hängenden Ohren – und ich wandte mich wieder der Kompaßkunde zu, jener besonders unerquicklichen Wissenschaft, mit deren Hilfe man den rechtweisenden Kurs finden kann.

Übergesetzlicher Notstand

Es war Sommer, und die Sonne lachte von einem azurblauen Himmel auf eine friedliche See, in deren sanfter Dünung MS GREIF nur unmerklich rollte. Gemütlich knarrte das Holz der Verschalung, und es war nichts, was meine Kreise als wachhabenden Steuermann hätte stören können. Der Alte hielt seinen Mittagsschlaf; die lästige Überstundenabrechnung für die Matrosen war schon fertig, und weil kein Land in Sicht war, kein Funkfeuer erreichbar und astronomische Navigation in der Ostsee nicht betrieben wird, konnte ich die Seefahrt in vollen Zügen genießen. Müßig und zufrieden mit einer solchen Welt saß ich auf dem Lotsenbock, beide Ellenbogen auf den Klapptisch gestützt, und dachte an nichts.

Ganz anders mußte es mit dem Rudergänger gewesen sein, der hinter mir den Kurs hielt. Der hatte offenbar zu dieser Zeit nicht nur gar keine, sondern ganz besonders schwarze Gedanken, denn nach einer Anrede und einem sonderbaren Gestammel antwortete er auf meine entsprechende Aufforderung, sich klar auszudrücken und kein krauses Zeug zu reden: „Ick heff mi wat an' Mors holt!"

Das hatte ich klar verstanden. Aber infolge verschiedener Überlegungen mußte ich dazu ein nicht besonders schlaues Gesicht gemacht haben, denn der Jungmann — um einen solchen handelte es sich bedauerlicherweise — bekräftigte seine Prophezeiung mit dem Nachsatz: „In Hamburg!"

Er hatte sich dort also etwas eingebrockt, was man sich bei leichten Mädchen „wegholen" kann.

Dieses hatte er mir nun nicht erzählt, um ein Gesprächsthema zu haben, sondern um meine Hilfe als Medizinmann in Anspruch zu nehmen, dessen Stellung ich als II. Offizier innehatte, ob ich wollte oder nicht.

„Dann gehst du in Helsinki zum Arzt", sagte ich.

„Lieber will ich sterben, als daß jemand dahinterkommt!"

„*Ich* bin ja schließlich nun schon ‚dahinter'", stellte ich fest.

Mit großen Augen sah er mich geradezu flehend an. „Sie wissen ganz genau", jammerte er, „daß ein Arzt vom Makler bestellt wird, daß die Rechnung an die Reederei geht und daß der Alte davon erfahren muß und . . ."

„. . . und daß deine Eltern benachrichtigt werden müssen, weil du minderjährig bist", vollendete ich diesen verhängnisvollen Satz.

Er schwieg. — Und ich schwieg auch.

Und ich wette, unserer beider Gedanken kreisten um seinen Märtyrertod, den er so überzeugend zitiert hatte.

„Und was nun?" fragte ich ihn, weil die Angelegenheit ja irgendwie klariert werden mußte.

„Geben Sie mir 'ne Spritze?!"

„Ja!" antwortete ich so bestimmt wie möglich, denn ich war davon überzeugt, daß ein Doktor einem Patienten als erstes Vertrauen einflößen sollte. „Heute nacht während der Wache in der Funkbude!"

„Besten Dank!" murmelte er und brachte das Schiff wieder auf Kurs, von dem er es um mindestens zwanzig Grad abgebracht hatte.

Wie ich diese medizinische Tat vollbringen sollte, zu der ich mich so spontan bereiterklärt hatte, war mir in diesem Moment so schleierhaft wie Nebel auf der Themse, und meine Gemütsruhe von eben war einem deutlichen Gegenteil gewichen — umgekehrt wie bei dem Jungmann, der aufgrund meiner Zusage ganz offenbar wieder vertrauensvoll in die Zukunft blickte.

Vorbereitenderweise kramte ich mir, weil die Sache ganz gewiß auch eilig war, die dazu nötigen Utensilien hervor, voran die „Anleitung zur Gesundheitspflege auf Kauffahrteischiffen".

Was darin stand, dem hatte ich während der Schulzeit wenig Beachtung geschenkt. Es komplizierte die Sache enorm und weckte in mir den Wunsch, den Mann doch einfach zum Arzt zu schicken, zumal die Behandlung dieses Leidens gesetzlich einem solchen vorbehalten ist. Dann darf sich ein Schmalspur-Doktor wie ich auch nur bei festumrissenen Tatbeständen und danach auch nur durch Entscheidung des Kapitäns damit befassen. Die Behandlung ist also nur — wie es in dem Buch hieß — aus dem Gesichtspunkt eines „übergesetzlichen Notstandes" heraus gerechtfertigt.

Die Selbstmorddrohung des Jungmannes, die sicherlich nicht auf die leichte Schulter zu nehmen war, hatte man dort nicht berücksichtigt, und somit wurde für mich diese außergewöhnliche Situation zum privaten Gewissenskonflikt, aus dem ich entschlossen war, als rechtschaffener Mann hervorzugehen. — Das, obwohl dem Leiden schließlich auch in medizinischer Hinsicht nicht einfach beizukommen war, weil mit der an Bord üblichen Faustregel: Über der Gürtellinie Kopfschmerztabletten und darunter Rizinus, nichts zu machen war. 400 000 sogenannte Einheiten Penicillin mußte ich spritzen, und zwar mit *besonderer* Sorgfalt in die Gesäßmuskulatur, weil das Einspritzen von Arzneimitteln in den Ischiasnerv Dauerschäden hervorrufen kann!

Dafür mußte ich die eine Seite des jungmännlichen Achterstevens in vier gedachte Planstücke einteilen, da nur der äußere obere Quadrant für eine gefahrlose Einspritzung geeignet ist.

Zu wissen, daß der Kranke dabei an einer Luftembolie sterben kann, entpuppte sich als weiterer Erschwernisfaktor.

Jedenfalls, als ich mit meinem Patienten und seinem Genossen wieder auf Wache gezogen war und mich überzeugt hatte, daß der Alte nicht unvermutet auf der Brücke erscheinen würde, da zog ich mir sterile Gummihandschuhe an, und die Funkbude wurde zum provisorischen Hospital.

Nach allerlei Für- und Gegenmaßnahmen fischte ich die Spritze aus dem

kochenden Wasser und bereitete sie vor, während der Sünder bereits ziemlich lange mit entblößtem Hinterteil auf die Injektion wartete, weil ich meiner schlauen Lektüre erst in letzter Sekunde entnommen hatte, daß die Spritze *zwanzig* Minuten lang ausgekocht werden muß.
Als ich nun nach Vorschrift „rasch und ohne großen Druck und mit ruhiger Nadelführung" zustechen wollte, da — ich glaube zum ersten Mal in meinem Leben — zitterten mir die Hände. Heldentod und Luftembolie. Ehre und Gewissen. Mir stand der kalte Schweiß auf der Stirn, als ich hinter dem Jungmann kniete, um ihm die Spritze zu geben.
Die Affäre ist nie an die Öffentlichkeit gedrungen. Der Mann hat meine Behandlung nämlich überlebt.
Gottseidank!

Grohara, die Ansteuerung von Helsinki

Der Autor und Marinemaler

Geboren in Bremerhaven. Jahrgang 1935. Einziger Berufswunsch: Seemann sein. Jedoch bereits als 15jähriger Beschäftigung mit Ölmalerei, besser gesagt mit Marinemalerei.
Das erste Schiff, auf dem Ricklefs gemustert hat, war der „Klütenewer" IMMANUEL auf Seite 59. Das Schiff hat er 1951 für den Kapitän gemalt.
Motorschiff GREIF auf Seite 72 ist an Bord auf einem Stück Stauholz entstanden. Ricklefs war dort damals II. Offizier — so lange, bis er als Brillenträger die Seefahrt aufgeben mußte.
Höhere Handelsschule, Nautischer Inspektor-Assistent bei der Atlas Levante-Linie bis zu ihrem Ende, Angestellter des Hafenamtes und bei einem Schiffsmakler, alles in Bremen.
Während dieser Zeit u. a. „Herstellung" von sieben plattdeutschen Bühnenstücken, die alle gespielt worden sind und heute noch spielen.
Nach abermaliger Fahrzeit als Nautiker auf den Emder BACO-Linern — Spezialschiffe in der Westafrika-Fahrt — abgemustert und an Land geblieben. Seitdem hauptberuflich Marinemaler mit Auftraggebern in aller Welt.